GUIDA PRATICA ALLA COLTIVAZIONE DI PIANTE CARNIVORE

Dalla selezione e cura alle comunità online, una risorsa completa per gli appassionati di giardinaggio e amanti della biodiversità

I0446683

Testi Creativi

Scrittura Professionale Online

Indice

🎁 Alla fine di questo libro troverai un regalo esclusivo!

GUIDA PRATICA ALLA COLTIVAZIONE DI PIANTE CARNIVORE

Dalla selezione e cura alle comunità online, una risorsa completa per gli appassionati di giardinaggio e amanti della biodiversità

I. Introduzione alle Piante Carnivore

1. Origini e Classificazione

Nel vasto mondo della botanica, le piante carnivore sorgono come una meraviglia della natura, intrigando gli appassionati e gli studiosi con la loro singolare adattamento alla cattura e alla digestione degli insetti.

Le origini di queste piante risalgono a milioni di anni fa, quando hanno sviluppato meccanismi unici per sopravvivere in ambienti poveri di nutrienti. La classificazione delle piante carnivore è una questione complessa, poiché comprendono diverse famiglie botaniche distribuite in tutto il mondo.

Tuttavia, tutte condividono un tratto distintivo: la capacità di attrarre, catturare e digerire prede animali per ottenere nutrienti essenziali come azoto e fosforo.

Le piante carnivore sono state classificate in varie famiglie, tra cui Droseraceae, Nepenthaceae, Sarraceniaceae, Lentibulariaceae e altre ancora, ognuna con caratteristiche uniche che le distinguono dalle altre.

Esplorare le origini e la classificazione delle piante carnivore è il primo passo verso la comprensione di queste straordinarie creature vegetali.

2. Adattamenti Evolutivi

Gli adattamenti evolutivi delle piante carnivore sono uno studio affascinante che rivela l'ingegno della natura nel trovare soluzioni uniche per la sopravvivenza. Queste piante hanno sviluppato una serie di caratteristiche morfologiche e fisiologiche per catturare, digerire e assorbire nutrienti dagli insetti, adattandosi così a habitat spesso ostili e privi di sostanze nutritive.

Uno dei più evidenti adattamenti evolutivi delle piante carnivore è rappresentato dalle trappole specializzate, che variano notevolmente da una specie all'altra. La Dionaea muscipula, ad esempio, è famosa per le sue trappole a bocca di alligatore, costituite da due lobi mobili che si chiudono rapidamente quando vengono stimolati da un insetto. Questo meccanismo permette alla pianta di catturare le prede con precisione chirurgica, assicurando un rifornimento costante di nutrienti.

Le Drosera, invece, hanno foglie ricoperte di ghiandole appiccicose che secrete una sostanza vischiosa, attraendo e intrappolando gli insetti che vi si posano. Una volta catturata la preda, le foglie si avvolgono attorno ad essa, facilitando la digestione.

Le Sarracenia, con le loro foglie a forma di tromba, sono un altro esempio di adattamento evolutivo sorprendente. Le foglie presentano una struttura tubolare con un bordo appuntito e rigido, e sono riempite di liquido digestivo. Gli insetti attratti dalle trappole vengono inghiottiti dalla pianta e digeriti all'interno del tubo.

Anche le Nepenthes hanno sviluppato adattamenti unici, con foglie trasformate in vasi a forma di sacco che contengono liquidi digestivi. Le piccole aperture all'apice del vaso fungono da ingresso per gli insetti, che una volta intrappolati vengono digeriti e assorbiti dalla pianta.

Questi adattamenti evolutivi sono solo alcuni esempi della straordinaria diversità e complessità delle piante carnivore. Ogni specie ha sviluppato strategie specifiche per adattarsi al proprio ambiente e garantire la sopravvivenza attraverso la cattura di prede animali.

3. Fascino e Mistero

Il fascino e il mistero delle piante carnivore hanno affascinato l'umanità per secoli, alimentando leggende e storie di meraviglia. Queste straordinarie creature vegetali esercitano un'attrazione irresistibile su molti, sia per la loro bellezza estetica che per le loro insolite capacità di cattura e digestione degli insetti.

Il fascino delle piante carnivore risiede nella loro straordinaria diversità morfologica e comportamentale. Dalle trappole sensibili della Dionaea muscipula alle trombe a forma di vaso delle Sarracenia, ogni specie di pianta carnivora presenta caratteristiche uniche che le distinguono dalle altre. Le varie forme e colori delle foglie, insieme ai loro meccanismi di cattura ingegnosi, rendono le piante carnivore soggetti di grande interesse per gli appassionati di botanica e per i coltivatori di piante esotiche.

Ma oltre al loro aspetto affascinante, le piante carnivore sono avvolte da un velo di mistero che le rende ancora più intriganti. La loro capacità di catturare e digerire insetti sembra sfidare le leggi della natura, e per secoli ha suscitato domande su come queste piante siano evolute per adattarsi a uno stile di vita così insolito. Gli antichi greci e romani raccontavano storie di piante carnivore che divoravano interi animali, alimentando miti e leggende che hanno resistito fino ai giorni nostri.

Oltre al loro fascino estetico e al loro mistero, le piante carnivore svolgono un ruolo importante negli ecosistemi in cui vivono. Grazie alla loro capacità di catturare gli insetti, queste piante contribuiscono al controllo delle popolazioni di insetti e al ciclo dei nutrienti nel suolo. Inoltre, molte specie di piante carnivore sono minacciate dall'estinzione a causa della perdita di habitat e della raccolta eccessiva, aggiungendo un ulteriore senso di urgenza alla loro conservazione.

In definitiva, il fascino e il mistero delle piante carnivore sono intrinsecamente legati alla loro straordinaria bellezza, alla loro unicità evolutiva e al loro ruolo vitale negli ecosistemi naturali. Esplorare questo mondo affascinante è un viaggio emozionante che promette di rivelare sempre nuove sorprese e scoperte.

4. Ruolo nell'Ecosistema

Il ruolo delle piante carnivore negli ecosistemi è un aspetto cruciale da considerare per comprendere appieno la loro importanza nella biodiversità globale. Pur essendo spesso considerate predatori microscopici, le piante carnivore svolgono diverse funzioni vitali all'interno degli ecosistemi in cui si trovano.

Innanzitutto, le piante carnivore contribuiscono al controllo delle popolazioni di insetti, agendo come predatori naturali e regolando così gli equilibri ecologici. Questo è particolarmente evidente in habitat dove gli insetti sono abbondanti e potrebbero causare danni alle piante circostanti o agli altri organismi presenti.

Inoltre, le piante carnivore svolgono un ruolo importante nel ciclo dei nutrienti, specialmente in ambienti caratterizzati da suoli poveri di sostanze nutritive. Grazie alla loro capacità di catturare e digerire gli insetti, queste piante sono in grado di ottenere una fonte supplementare di nutrienti, tra cui azoto e fosforo, che altrimenti sarebbero limitati nell'ambiente circostante.

Le piante carnivore possono anche essere indicatori di habitat specifici e condizioni ecologiche particolari. La presenza di determinate specie di piante carnivore può suggerire la presenza di suoli acidi o umidi, e la loro distribuzione geografica può fornire informazioni preziose sulla biodiversità locale e sulla salute degli ecosistemi.

Inoltre, le piante carnivore possono avere un impatto significativo sulla composizione delle comunità vegetali circostanti, influenzando la disponibilità di risorse e la competitività tra le specie. La loro presenza può favorire la diversificazione delle comunità vegetali e promuovere la coesistenza di specie diverse in un dato ambiente.

Infine, le piante carnivore possono anche svolgere un ruolo importante nell'ecoturismo e nella conservazione della natura, attirando visitatori interessati alla loro bellezza unica e al loro comportamento straordinario. La promozione della conservazione delle piante carnivore e dei loro habitat è quindi fondamentale per garantire la loro sopravvivenza a lungo termine e preservare la ricchezza della biodiversità globale.

5.Interesse nel Mondo Scientifico

L'interesse nel mondo scientifico per le piante carnivore è stato costante nel corso dei secoli, poiché queste affascinanti piante offrono un'opportunità unica per lo studio della biologia evolutiva, dell'ecologia e della fisiologia vegetale.

Le piante carnivore sono state oggetto di numerosi studi e ricerche scientifiche finalizzate a comprendere i meccanismi evolutivi che hanno portato alla loro adattamento a uno stile di vita carnivoro. L'analisi della loro anatomia, della loro genetica e delle loro relazioni filogenetiche ha fornito preziose informazioni sulla storia evolutiva delle piante e sulla diversificazione delle strategie di cattura degli insetti.

Inoltre, le piante carnivore sono state ampiamente utilizzate come modelli di studio per comprendere i meccanismi fisiologici coinvolti nella cattura, nella digestione e nell'assimilazione degli insetti. Studi dettagliati sulle trappole delle piante carnivore, ad esempio, hanno rivelato l'importanza di vari fattori ambientali e molecolari nella regolazione dei loro movimenti e nella secrezione di enzimi digestivi.

Le piante carnivore sono anche importanti per la ricerca in campo ecologico, poiché forniscono un esempio concreto di come le piante possono adattarsi a habitat estremi e nutrienti limitati. Lo studio delle interazioni tra le piante carnivore e il loro ambiente circostante ha rivelato le complesse reti trofiche che esistono negli ecosistemi in cui vivono e ha evidenziato il ruolo cruciale che giocano nel mantenere l'equilibrio ecologico.

Inoltre, le piante carnivore sono diventate un'importante risorsa per la ricerca biotecnologica, con applicazioni potenziali nella medicina, nell'agricoltura e nella biotecnologia ambientale. Gli enzimi digestivi prodotti dalle piante carnivore, ad esempio, sono stati studiati per le loro potenziali proprietà terapeutiche e la loro capacità di degradare agenti patogeni e inquinanti ambientali.

Complessivamente, l'interesse nel mondo scientifico per le piante carnivore continua a crescere, poiché queste straordinarie piante continuano a suscitare domande e ad aprire nuove frontiere di ricerca in molti campi della scienza.

II. Fondamenti della Coltivazione

1. Selezione del Terreno e del Substrato

La selezione del terreno e del substrato è un passaggio fondamentale nella coltivazione di piante carnivore, poiché influisce direttamente sulla salute e sul benessere delle piante. Le piante carnivore hanno esigenze specifiche riguardo al terreno in cui crescono, poiché devono garantire un adeguato drenaggio, un'umidità costante e un ambiente acido. Per soddisfare tali requisiti, è essenziale selezionare un substrato adatto che fornisca un ambiente ottimale per la crescita delle piante carnivore.

Un substrato ideale per le piante carnivore dovrebbe essere composto principalmente da torba di sfagno, un materiale organico acido che offre una buona capacità di ritenzione dell'acqua e permette un adeguato drenaggio. La torba di sfagno è disponibile in diverse forme, tra cui sfagno grezzo, torba pressata e torba in polvere, e può essere miscelata con altri componenti come perlite, vermiculite o sabbia per migliorare il drenaggio e la struttura del terreno.

Quando si sceglie il terreno e il substrato per le piante carnivore, è importante evitare terreni arricchiti con fertilizzanti o sostanze chimiche, che potrebbero danneggiare le radici sensibili delle piante. È inoltre consigliabile evitare l'uso di terricci comuni o terreni per piante da interno, poiché spesso contengono sostanze che possono risultare dannose per le piante carnivore.

Inoltre, è importante considerare il pH del terreno, poiché le piante carnivore prosperano in terreni acidi con un pH compreso tra 4 e 6. È possibile testare il pH del substrato utilizzando un kit per il test del pH disponibile presso i negozi di giardinaggio o utilizzando strumenti di misurazione del pH.

Una volta selezionato il terreno e il substrato appropriati, è importante assicurarsi che il vaso o il contenitore in cui vengono piantate le piante carnivore abbia fori di drenaggio sufficienti per evitare ristagni d'acqua e marciume radicale. Inoltre, è consigliabile utilizzare vasi trasparenti o contenitori traslucidi per consentire alle piante carnivore di ricevere la giusta quantità di luce solare.

In conclusione, la selezione del terreno e del substrato è un aspetto cruciale della coltivazione delle piante carnivore. Utilizzando un substrato adatto e seguendo le giuste pratiche di piantagione, è possibile garantire una crescita sana e vigorosa delle piante carnivore nel proprio giardino o ambiente domestico.

2. Esigenze di Luce e Illuminazione

Le esigenze di luce e illuminazione delle piante carnivore sono aspetti cruciali da considerare per garantire la loro salute e il loro sviluppo ottimale. Poiché molte piante carnivore crescono in habitat naturali caratterizzati da abbondante luce solare, è essenziale replicare queste condizioni luminose in ambiente domestico o in serra per garantire una crescita vigorosa e una corretta fotosintesi.

Idealmente, le piante carnivore dovrebbero essere collocate in posizioni dove ricevono una luce solare diretta o almeno molto luminosa per almeno 6-8 ore al giorno. Le finestre orientate a sud sono spesso le migliori, poiché forniscono una luce solare diretta per la maggior parte della giornata. Tuttavia, è importante evitare l'esposizione diretta al sole nelle ore più calde della giornata, poiché le piante carnivore potrebbero subire danni da scottature.

Nel caso in cui non sia possibile garantire una quantità sufficiente di luce solare diretta, è possibile integrare la luce artificiale per soddisfare le esigenze luminose delle piante carnivore. Le lampade a fluorescenza ad alta intensità (HID) o a LED sono ideali per questo scopo, in quanto emettono una luce simile alla luce solare e possono essere regolate per fornire la giusta quantità di luce in base alle esigenze delle piante.

Quando si utilizzano lampade artificiali, è importante posizionarle a una distanza adeguata dalle piante carnivore per evitare danni da surriscaldamento o bruciature sulle foglie. Inoltre, è consigliabile utilizzare un timer per controllare il ciclo di illuminazione e garantire un periodo di oscurità notturna sufficiente per il riposo delle piante.

Per le piante carnivore tropicali, come le Nepenthes, è particolarmente importante garantire una luce diffusa e uniforme, simile alla luce filtrata attraverso la foresta pluviale. In questo caso, è possibile utilizzare tende o schermature per diffondere la luce solare diretta e creare un ambiente luminoso ma non troppo intenso.

Inoltre, è importante monitorare attentamente la crescita delle piante carnivore e regolare l'esposizione alla luce in base alle loro esigenze specifiche. Segni di una luce insufficiente possono includere un rallentamento della crescita, foglie pallide o allungate e una produzione ridotta di trappole o vasi.

In conclusione, soddisfare le esigenze di luce e illuminazione delle piante carnivore è essenziale per garantire la loro crescita e la loro prosperità. Fornire una quantità adeguata di luce solare diretta o integrare la luce artificiale può aiutare a creare un ambiente ottimale per le piante carnivore e consentire loro di esprimere pienamente il loro potenziale di cattura e crescita.

3. Gestione dell'Umidità e dell'Irrigazione

La gestione dell'umidità e dell'irrigazione è cruciale per il successo nella coltivazione delle piante carnivore, poiché queste piante dipendono da un ambiente costantemente umido per prosperare. Tuttavia, è importante trovare un equilibrio tra un'elevata umidità e un buon drenaggio per evitare problemi come il marciume radicale e le malattie fungine.

Per mantenere un'adeguata umidità intorno alle piante carnivore, è consigliabile utilizzare vassoi di umidità o sottovasi riempiti con ghiaia o acqua, in modo che l'evaporazione crei un'atmosfera umida attorno alle piante. È anche possibile utilizzare umidificatori o nebulizzatori per aumentare l'umidità ambientale, specialmente in ambienti particolarmente aridi o in periodi di bassa umidità.

Per quanto riguarda l'irrigazione, è fondamentale utilizzare acqua priva di cloro e sali minerali, poiché le piante carnivore sono estremamente sensibili a sostanze chimiche nocive presenti nell'acqua del rubinetto. È consigliabile utilizzare acqua piovana, distillata o demineralizzata per l'irrigazione delle piante carnivore, o installare un sistema di filtraggio dell'acqua per rimuovere eventuali contaminanti.

Inoltre, è importante evitare di sommergere le radici delle piante carnivore in acqua stagnante per lunghi periodi, poiché ciò può portare al marciume radicale e alla morte della pianta. È preferibile innaffiare le piante carnivore dall'alto, in modo da inumidire il terreno senza saturarlo eccessivamente, e assicurarsi che il terreno si asciughi leggermente tra un'irrigazione e l'altra.

Per le piante carnivore che crescono in vasi o contenitori, è consigliabile controllare regolarmente il livello dell'acqua nei sottovasi e rimuovere eventuali accumuli d'acqua in eccesso per evitare problemi di ristagno. Inoltre, è importante assicurarsi che i vasi o i contenitori abbiano fori di drenaggio adeguati per consentire un adeguato drenaggio dell'acqua in eccesso.

Infine, è importante tenere conto delle esigenze specifiche di ciascuna specie di piante carnivore quando si gestisce l'umidità e l'irrigazione. Alcune specie, come le Sarracenia e le Drosera, preferiscono terreni costantemente umidi, mentre altre, come le Nepenthes, possono sopportare brevi periodi di siccità. Monitorare attentamente le piante e regolare l'irrigazione in base alle loro esigenze specifiche è essenziale per garantire la loro salute e il loro benessere nel lungo termine.

4. Temperatura e Condizioni Ambientali

La temperatura e le condizioni ambientali svolgono un ruolo fondamentale nella coltivazione delle piante carnivore, poiché queste piante provengono da una vasta gamma di habitat e adattamenti climatici. È importante fornire alle piante carnivore un ambiente che rifletta le condizioni naturali del loro habitat di origine, garantendo così una crescita sana e robusta.

In generale, la maggior parte delle piante carnivore prospera in condizioni di temperatura moderate, comprese tra i 15°C e i 30°C durante il giorno e tra i 10°C e i 20°C durante la notte. Tuttavia, esistono alcune eccezioni a questa regola, con alcune specie che preferiscono temperature più fresche, come le Sarracenia che crescono in climi temperati, mentre altre, come le Nepenthes tropicali, preferiscono temperature più calde e umide.

La luce solare è un altro fattore importante da considerare quando si gestiscono le condizioni ambientali per le piante carnivore. Mentre molte specie prosperano in pieno sole, è importante proteggere le piante carnivore dai raggi solari diretti nelle ore più calde del giorno, poiché potrebbero subire danni da scottature o disidratazione. Utilizzare tende o schermature per diffondere la luce solare diretta può aiutare a proteggere le piante e a creare un ambiente più confortevole per la loro crescita.

Inoltre, è importante mantenere un'adeguata ventilazione intorno alle piante carnivore per evitare il ristagno dell'aria e prevenire la formazione di muffe o malattie fungine. Assicurarsi che ci sia un buon flusso d'aria intorno alle piante, specialmente in ambienti chiusi come le serre, può contribuire a mantenere un ambiente salutare e a prevenire problemi di crescita.

Per quanto riguarda l'umidità, molte piante carnivore provengono da habitat umidi e richiedono quindi un'umidità elevata per prosperare. Utilizzare vassoi di umidità, nebulizzatori o umidificatori può aiutare a mantenere un'adeguata umidità intorno alle piante carnivore, specialmente in ambienti particolarmente secchi o in periodi di bassa umidità.

In conclusione, gestire le condizioni ambientali per le piante carnivore è essenziale per garantire la loro salute e il loro benessere nel lungo termine. Fornire un ambiente che rifletta le condizioni naturali del loro habitat di origine, compresa la temperatura, la luce solare, la ventilazione e l'umidità, può aiutare a promuovere una crescita sana e vigorosa e a prevenire problemi di crescita o malattie.

5. Fertilizzazione e Alimentazione

La fertilizzazione e l'alimentazione delle piante carnivore rappresentano un aspetto unico e fondamentale nella loro coltivazione. Contrariamente alle piante tradizionali che attingono nutrienti dal suolo, le piante carnivore hanno adattamenti specializzati per ottenere sostanze nutritive dagli insetti catturati nelle loro trappole o dalle secrezioni delle loro foglie.

Tuttavia, nonostante le piante carnivore ottengano la maggior parte dei loro nutrienti dagli insetti, è comunque importante fornire loro una fonte supplementare di nutrienti per garantire una crescita vigorosa e una salute ottimale. A tal fine, è possibile utilizzare fertilizzanti specifici per piante carnivore, che sono formulati per soddisfare le loro esigenze uniche di nutrienti.

Quando si utilizzano fertilizzanti per piante carnivore, è importante seguire attentamente le istruzioni sulla confezione e diluire il fertilizzante a una concentrazione appropriata per evitare il rischio di bruciare le radici sensibili delle piante. È consigliabile utilizzare fertilizzanti a basso contenuto di sali e senza additivi chimici, poiché le piante carnivore sono estremamente sensibili alla contaminazione da sostanze nocive.

In alternativa ai fertilizzanti commerciali, è possibile fornire alle piante carnivore una fonte di nutrimento naturale utilizzando insetti vivi o morti. Molte piante carnivore sono in grado di catturare e digerire gli insetti da sole, ma in alcune situazioni può essere utile integrare la loro dieta con insetti supplementari, come mosche della frutta o larve di zanzara.

Quando si alimentano le piante carnivore con insetti vivi, è importante assicurarsi che gli insetti siano privi di pesticidi o altre sostanze chimiche nocive che potrebbero danneggiare le piante. È consigliabile catturare insetti locali o acquistare insetti da fonti affidabili per garantire la sicurezza e la salute delle piante carnivore.

Inoltre, è importante prestare attenzione alla frequenza e alla quantità di alimentazione delle piante carnivore, evitando di sovraffollare le trappole con un eccesso di insetti o di fornire troppi nutrienti, il che potrebbe portare a problemi di marciume o decomposizione.

In conclusione, la fertilizzazione e l'alimentazione delle piante carnivore sono processi importanti per garantire la loro salute e il loro benessere nel lungo termine. Fornire loro una fonte equilibrata di nutrienti attraverso fertilizzanti specifici per piante carnivore o insetti naturali può contribuire a promuovere una crescita sana e vigorosa e a mantenere le piante in condizioni ottimali nel loro ambiente domestico o in serra.

6. Trapianto e Riproduzione

Il trapianto e la riproduzione delle piante carnivore sono processi cruciali per mantenere e espandere la propria collezione di piante carnivore. Queste operazioni richiedono cura e attenzione per garantire il successo e la salute delle piante.

Per quanto riguarda il trapianto, è importante scegliere il momento giusto per eseguire questa operazione. La primavera e l'autunno sono generalmente considerate le stagioni migliori per trapiantare le piante carnivore, poiché le temperature sono più miti e le piante sono in fase di crescita attiva. Durante il trapianto, è fondamentale manipolare con cura le radici sensibili delle piante per evitare danni e shock da trapianto. È consigliabile utilizzare un terreno fresco e ben drenato per il nuovo vaso e fornire alle piante un ambiente adatto alle loro esigenze di crescita.

La riproduzione delle piante carnivore può essere effettuata attraverso diversi metodi, tra cui la divisione dei rizomi, talee fogliari, semina dei semi e micropropagazione. La divisione dei rizomi è un metodo comune per piante come le Sarracenia, che producono numerosi rizomi che possono essere divisi e trapiantati in nuovi vasi per creare nuove piante. Le talee fogliari possono essere prelevate da piante mature e radicate in terreno umido per produrre nuove piante. La semina dei semi è un altro metodo popolare, che richiede pazienza e cura per ottenere piante mature a partire dai semi. Infine, la micropropagazione è un metodo più avanzato che coinvolge la crescita di piante da piccoli pezzi di tessuto vegetale in condizioni controllate di laboratorio.

Indipendentemente dal metodo di riproduzione scelto, è importante fornire alle piante carnivore le condizioni ottimali per la crescita e lo sviluppo delle nuove piante. Mantenere l'umidità elevata, fornire una luce diffusa e proteggere le piante dai cambiamenti improvvisi di temperatura possono favorire il successo della riproduzione delle piante carnivore.

Inoltre, è importante monitorare attentamente le nuove piante per eventuali segni di stress o malattie e intervenire tempestivamente per prevenire problemi più gravi. Con cura e attenzione, è possibile ottenere una sana e robusta progenie di piante carnivore e arricchire la propria collezione con nuove varietà e specie.

7. Protezione dalle Malattie e dai Parassiti

La protezione dalle malattie e dai parassiti è un aspetto cruciale nella cura delle piante carnivore, poiché queste piante possono essere soggette a una serie di problemi che possono compromettere la loro salute e il loro benessere. Prevenire e gestire le malattie e i parassiti richiede una combinazione di pratiche culturali, monitoraggio attento e, se necessario, l'uso di trattamenti specifici.

Una delle malattie più comuni che possono colpire le piante carnivore è il marciume radicale, che è causato da eccessiva umidità o da terreni troppo compatti che impediscono un adeguato drenaggio. Per prevenire il marciume radicale, è fondamentale fornire alle piante un terreno ben drenato e assicurarsi che i vasi abbiano fori di drenaggio sufficienti. Inoltre, è importante evitare di innaffiare eccessivamente le piante e di lasciare accumuli d'acqua nei sottovasi, poiché ciò può favorire lo sviluppo del marciume radicale.

Altre malattie comuni che possono colpire le piante carnivore includono muffe e malattie fungine, che possono diffondersi rapidamente in ambienti umidi e caldi. Per prevenire la formazione di muffe e malattie fungine, è importante mantenere una buona circolazione d'aria intorno alle piante e ridurre l'umidità eccessiva nelle loro vicinanze. Inoltre, è possibile utilizzare fungicidi naturali o trattamenti a base di rame per combattere le muffe e le malattie fungine in caso di necessità.

I parassiti rappresentano un'altra minaccia per le piante carnivore, con insetti come afidi, tripidi e acari che possono attaccare foglie e trappole delle piante. Monitorare regolarmente le piante per individuare eventuali segni di infestazione e intervenire tempestivamente può aiutare a prevenire danni significativi alle piante carnivore. Inoltre, è possibile utilizzare insetticidi naturali come l'olio di neem o il sapone insetticida per combattere i parassiti in modo efficace e sicuro.

Inoltre, è importante mantenere un ambiente pulito intorno alle piante carnivore, rimuovendo regolarmente foglie morte, trappole vuote e altri detriti che potrebbero fungere da terreno fertile per malattie e parassiti. Mantenere le piante ben ventilate e pulite può contribuire a prevenire il diffondersi di malattie e parassiti e a mantenere le piante carnivore in salute nel lungo termine.

In conclusione, proteggere le piante carnivore dalle malattie e dai parassiti è essenziale per garantire la loro salute e il loro benessere. Con una combinazione di pratiche culturali, monitoraggio attento e trattamenti mirati, è possibile prevenire e gestire con successo una serie di problemi che potrebbero minacciare le piante carnivore nel proprio giardino o in serra.

III. Dionaea Muscipula: La Trappola a Bocca di Alligatore

1. Anatomia della Trappola

L'anatomia della trappola della Dionaea Muscipula è un esempio straordinario di adattamento evolutivo alle esigenze alimentari di questa pianta carnivora. La trappola, comunemente conosciuta come "foglia a bocca di alligatore", è una struttura altamente specializzata che ha evoluto per catturare prede come insetti e piccoli organismi.

La trappola è composta principalmente da due lobi terminali, ognuno dei quali è rivestito da una serie di peli sensibili al tocco noti come "setae". Questi peli sono estremamente sensibili e reagiscono rapidamente al contatto con una preda. Quando un insetto o un altro oggetto tocca i peli della trappola, si attiva una serie di reazioni chimiche e meccaniche che portano alla chiusura della trappola in una frazione di secondo.

Oltre ai peli sensibili, la trappola della Dionaea presenta anche una struttura interna complessa, composta da tessuti muscolari e idraulici che permettono la rapida chiusura della trappola. Questi tessuti sono collegati a una serie di piccoli nervi e vasi sanguigni che trasportano gli impulsi nervosi e i liquidi vitali necessari per il funzionamento della trappola.

Al centro della trappola si trova una zona altamente sensibile nota come "sensore di tocco", che è responsabile della rilevazione degli stimoli esterni e dell'attivazione del meccanismo di chiusura della trappola. Questo sensore è composto da cellule specializzate che rispondono al contatto fisico e trasmettono segnali elettrici alle cellule muscolari circostanti, innescando così la chiusura della trappola.

Inoltre, la trappola della Dionaea è rivestita da una sostanza mucillaginosa che aiuta a catturare e trattenere le prede dopo la chiusura della trappola. Questa sostanza agisce come una sorta di colla naturale, che impedisce alle prede di sfuggire una volta che sono state catturate.

Complessivamente, l'anatomia della trappola della Dionaea Muscipula è un esempio straordinario di adattamento evolutivo e ingegneria naturale, che permette a questa pianta carnivora di catturare con successo le sue prede e ottenere i nutrienti di cui ha bisogno per sopravvivere in ambienti poveri di sostanze nutritive.

2. Meccanismo di Cattura

Il meccanismo di cattura della Dionaea Muscipula è un processo sorprendentemente complesso che si attiva in risposta al contatto con una preda. Questo processo è stato oggetto di studio e meraviglia fin dai primi giorni della sua scoperta, poiché rappresenta un esempio straordinario di adattamento evolutivo alle esigenze alimentari di questa pianta carnivora.

Quando un insetto o un altro oggetto tocca i peli sensibili presenti sulla superficie della trappola della Dionaea, viene innescata una serie di eventi biochimici e fisici che portano alla rapida chiusura della trappola. Questa reazione istantanea è il risultato di una serie di adattamenti evolutivi che hanno permesso alla pianta di sviluppare un meccanismo di cattura altamente efficiente e specifico.

Il processo inizia con il contatto della preda con i peli sensitivi presenti sulla superficie della trappola. Questi peli sono estremamente sensibili al tocco e sono in grado di rilevare anche il più leggero movimento. Quando un insetto o un altro oggetto tocca i peli, viene attivata una serie di segnali nervosi che vengono rapidamente trasmessi al centro di controllo della trappola.

Una volta che il segnale raggiunge il centro di controllo della trappola, viene attivato un meccanismo di chiusura rapida che coinvolge una serie di cellule muscolari e idrauliche presenti nella struttura della trappola. Queste cellule si contraggono rapidamente, causando la chiusura delle due metà della trappola in una frazione di secondo. Questo movimento è così rapido che è difficilmente osservabile ad occhio nudo e rappresenta uno dei più rapidi movimenti nel regno vegetale.

Una volta che la trappola si è chiusa attorno alla preda, inizia un processo di digestione che permette alla pianta di ottenere i nutrienti di cui ha bisogno per la crescita e lo sviluppo. La trappola rilascia enzimi digestivi che scompongono il corpo della preda in sostanze nutrienti che possono essere assorbite dalla pianta attraverso i suoi tessuti.

Complessivamente, il meccanismo di cattura della Dionaea Muscipula è un processo straordinariamente sofisticato che dimostra l'adattabilità e la complessità delle piante carnivore. Questo meccanismo è stato oggetto di studio e ammirazione da parte degli scienziati e degli appassionati di piante carnivore di tutto il mondo, e continua a suscitare interesse e meraviglia per la sua straordinaria efficacia ed efficienza.

3. Esigenze di Coltivazione

Le esigenze di coltivazione della Dionaea Muscipula sono fondamentali per garantire una crescita sana e vigorosa di questa affascinante pianta carnivora. Essendo originaria delle paludi e delle zone umide della Carolina del Nord e del Sud negli Stati Uniti, la Dionaea richiede condizioni specifiche per prosperare e fiorire in ambiente domestico o in serra.

Innanzitutto, la Dionaea Muscipula richiede un terreno acido e ben drenato, che ricrei le condizioni simili al suo habitat naturale. Un substrato composto da torba e perlite, con un pH compreso tra 4.5 e 5.5, è ideale per soddisfare le esigenze di questa pianta carnivora. È importante evitare l'uso di terreni ricchi di nutrienti o composti organici pesanti, che potrebbero causare danni alle radici sensibili della pianta.

Dal momento che la Dionaea Muscipula è una pianta che predilige le zone soleggiate, è essenziale fornire un'illuminazione adeguata per favorire la fotosintesi e la crescita sana delle foglie e delle trappole. L'esposizione diretta alla luce solare per almeno 6-8 ore al giorno è consigliata, anche se in alcune regioni può essere necessario proteggere la pianta dalle ore di sole più intense durante l'estate.

Per quanto riguarda l'umidità, la Dionaea Muscipula richiede un ambiente relativamente umido per prosperare. Durante i mesi più caldi, è consigliabile mantenere l'umidità intorno alla pianta attraverso l'uso di vassoi d'acqua o nebulizzatori. Tuttavia, è importante evitare il ristagno d'acqua intorno alle radici, poiché ciò potrebbe favorire lo sviluppo di marciume radicale e altre malattie.

Dal momento che la Dionaea Muscipula è una pianta che entra in uno stato di dormienza durante i mesi invernali, è importante fornire le condizioni adatte per questo periodo di riposo. Durante i mesi più freddi, è consigliabile ridurre leggermente l'irrigazione e mantenere la pianta in un ambiente fresco ma non gelido, con temperature comprese tra i 5°C e i 10°C.

Infine, è importante evitare l'uso di fertilizzanti o sostanze nutritive per questa pianta carnivora, poiché può causare danni alle sue radici sensibili e compromettere la sua salute a lungo termine. La Dionaea Muscipula è in grado di ottenere tutti i nutrienti di cui ha bisogno attraverso la cattura e la digestione degli insetti nelle sue trappole, quindi non è necessario integrare la sua dieta con fertilizzanti artificiali.

Seguendo attentamente queste linee guida di coltivazione, è possibile garantire una crescita sana e vigorosa della Dionaea Muscipula e godere della bellezza e dell'affascinante meccanismo di cattura di questa straordinaria pianta carnivora.

4. Riproduzione e Propagazione

La riproduzione e la propagazione della Dionaea Muscipula rappresentano un'opportunità entusiasmante per gli appassionati di piante carnivore di espandere la propria collezione e ottenere nuove varietà di questa affascinante specie. Esistono diversi metodi per riprodurre con successo la Dionaea, ciascuno dei quali presenta vantaggi e considerazioni specifiche da tenere in considerazione.

Uno dei metodi più comuni per la riproduzione della Dionaea Muscipula è la divisione dei rizomi. Questo metodo comporta la separazione di rizomi adulti in sezioni più piccole, ognuna delle quali può essere trapiantata in vasi separati per creare nuove piante. Questo metodo è particolarmente efficace con le piante mature che hanno sviluppato una fitta rete di rizomi, e può essere eseguito con successo durante i mesi primaverili o autunnali quando la pianta è in fase di crescita attiva.

Un altro metodo comune di riproduzione è la semina dei semi. La raccolta e la semina dei semi di Dionaea Muscipula può essere un processo gratificante ma richiede pazienza e cura. I semi della Dionaea sono prodotti dai fiori della pianta e possono essere raccolti una volta maturi e secchi. È importante mantenere i semi umidi e fornire loro una temperatura costante e luce diffusa per favorire la germinazione. La propagazione tramite semi consente di ottenere una varietà genetica più ampia rispetto ad altri metodi di propagazione.

Inoltre, è possibile propagare la Dionaea attraverso la talea fogliare. Questo metodo comporta il prelievo di foglie sane dalla pianta madre e il loro posizionamento su un terreno umido e ben drenato. Con il tempo, le talee fogliari svilupperanno radici e cresceranno per formare nuove piante. Questo metodo è particolarmente adatto per la riproduzione di piante giovani o per ottenere nuove piante da varietà specifiche.

Un metodo meno comune ma altrettanto efficace è la micropropagazione. Questo metodo coinvolge la crescita di piante da piccoli pezzi di tessuto vegetale in condizioni controllate di laboratorio. Sebbene richieda attrezzature specializzate e conoscenze avanzate, la micropropagazione può consentire la produzione di un grande numero di piante identiche geneticamente in un breve periodo di tempo.

Indipendentemente dal metodo scelto, è importante fornire alle piante giovani le condizioni ottimali per la crescita e lo sviluppo. Mantenere un'adeguata umidità, temperatura e illuminazione è fondamentale per il successo della propagazione della Dionaea Muscipula e per garantire la salute delle nuove piante.

5. Problemi Comuni e Soluzioni

Nel corso della coltivazione della Dionaea Muscipula, è possibile incontrare una serie di problemi comuni che possono influenzare la salute e il benessere della pianta. Tuttavia, con la giusta attenzione e le opportune misure correttive, molti di questi problemi possono essere risolti con successo per garantire una crescita sana e vigorosa della pianta carnivora.

Uno dei problemi più comuni che gli coltivatori possono incontrare è il marciume delle radici, che può essere causato da un eccesso di umidità nel terreno o da una cattiva circolazione dell'aria intorno alle radici della pianta. Per prevenire il marciume delle radici, è importante assicurarsi che il terreno sia ben drenato e che i vasi siano dotati di fori di drenaggio sufficienti per consentire il deflusso dell'acqua in eccesso. Inoltre, è consigliabile evitare l'accumulo d'acqua intorno alle radici e mantenere un'adeguata ventilazione intorno alla base della pianta.

Un altro problema comune è l'infestazione da parassiti, come afidi, acari o cocciniglie, che possono attaccare le foglie e le trappole della Dionaea. Per combattere questi parassiti, è possibile utilizzare insetticidi naturali o insetticidi specifici per piante carnivore, che sono progettati per eliminare gli insetti senza danneggiare la pianta stessa. Inoltre, mantenere un'adeguata igiene intorno alla pianta, rimuovendo regolarmente le foglie morte o malate, può contribuire a prevenire la diffusione di parassiti e malattie.

Un'altra sfida che gli coltivatori possono affrontare è la perdita delle trappole della Dionaea, che può essere causata da una serie di fattori come una carenza di nutrienti, un'eccessiva manipolazione delle trappole o un'esposizione prolungata a temperature estreme. Per prevenire la perdita delle trappole, è importante fornire alla pianta un'adeguata nutrizione attraverso l'alimentazione regolare con insetti vivi o insetticidi naturali. Inoltre, evitare di toccare o manipolare le trappole della Dionaea può contribuire a preservarle e mantenerle funzionali per un lungo periodo di tempo.

Infine, è importante prestare attenzione ai cambiamenti nelle condizioni ambientali e alle esigenze specifiche della pianta durante i diversi periodi dell'anno. Ad esempio, durante i mesi invernali, la Dionaea entra in uno stato di dormienza in cui richiede condizioni di luce e temperatura ridotte. Assicurarsi di adattare le pratiche di cura e coltivazione della pianta per rispecchiare questi cambiamenti stagionali può contribuire a garantire la sua salute e il suo benessere nel lungo termine.

6. Alimentazione e Nutrizione

L'alimentazione e la nutrizione della Dionaea Muscipula sono fondamentali per garantire la sua salute e il suo benessere, poiché questa pianta carnivora dipende principalmente dalla cattura e dalla digestione di insetti e altri piccoli organismi per ottenere i nutrienti di cui ha bisogno per la crescita e lo sviluppo. La Dionaea è adattata per catturare e digerire gli insetti attraverso le sue trappole altamente specializzate, ma è importante fornire alla pianta un'opportunità regolare di catturare prede e ottenere i nutrienti di cui ha bisogno per prosperare.

La dieta della Dionaea Muscipula è principalmente composta da insetti vivi, come mosche, moscerini e formiche, che vengono catturati dalle sue trappole e digeriti per fornire alla pianta una fonte di proteine e altri nutrienti essenziali. È importante fornire alla pianta un'opportunità regolare di catturare insetti vivi, specialmente durante i mesi primaverili e estivi quando la sua crescita è più attiva e la sua richiesta di nutrienti è maggiore.

Tuttavia, è importante notare che la Dionaea può anche beneficiare di una dieta supplementare di insetti morti o alimenti alternativi, come larve di mosca o vermi, che possono essere offerti alla pianta manualmente per integrare la sua dieta naturale. Questo può essere particolarmente utile durante i mesi invernali o in ambienti in cui la cattura naturale di insetti è limitata.

Inoltre, è possibile integrare la dieta della Dionaea Muscipula con sostituti alimentari commerciali specificamente formulati per piante carnivore, che forniscono una miscela equilibrata di nutrienti essenziali come proteine, vitamine e minerali. Questi sostituti alimentari possono essere somministrati alla pianta come supplemento alla sua dieta naturale per garantire che riceva tutti i nutrienti di cui ha bisogno per una crescita sana e vigorosa.

È importante notare che la Dionaea è in grado di regolare la sua assunzione di cibo in base alle sue esigenze specifiche, quindi è importante monitorare attentamente le sue trappole e fornire alimenti supplementari solo quando necessario per evitare sovraffollamento o sovralimentazione, che potrebbe portare a problemi di marciume o decomposizione delle trappole.

In conclusione, l'alimentazione e la nutrizione della Dionaea Muscipula sono fondamentali per la sua salute e il suo benessere generale. Fornire alla pianta una dieta equilibrata di insetti vivi, insetti morti o sostituti alimentari commerciali può contribuire a garantire una crescita sana e vigorosa della pianta carnivora nel tempo.

7. Cura Stagionale: Consigli per Ogni Periodo dell'Anno

La cura stagionale della Dionaea Muscipula richiede una considerazione attenta delle esigenze specifiche della pianta durante i diversi periodi dell'anno, al fine di garantire una crescita ottimale e una salute generale della pianta carnivora. Seguire alcuni consigli pratici e linee guida può aiutare gli coltivatori a gestire con successo la cura stagionale della loro Dionaea e ottenere risultati soddisfacenti nel corso dell'anno.

Durante la primavera, la Dionaea entra in un periodo di attiva crescita e sviluppo, durante il quale richiede una maggiore quantità di luce solare e acqua per sostenere la produzione di nuove foglie e trappole. È importante posizionare la pianta in un'area dove riceva almeno 6-8 ore di luce solare diretta al giorno e mantenere il terreno costantemente umido ma non saturato d'acqua. Durante questo periodo, è anche possibile alimentare regolarmente la Dionaea con insetti vivi per soddisfare le sue esigenze nutrizionali crescenti.

Durante l'estate, quando le temperature sono elevate e l'umidità può diminuire, è importante proteggere la Dionaea dal surriscaldamento e dalla disidratazione. Posizionare la pianta in un luogo dove riceva luce solare indiretta durante le ore più calde del giorno e fornire acqua regolarmente per mantenere il terreno costantemente umido. È anche consigliabile nebulizzare le foglie della pianta periodicamente per aumentare l'umidità intorno alla pianta e prevenire l'essiccazione delle trappole.

Durante l'autunno, la Dionaea può entrare in uno stato di dormienza in preparazione per i mesi invernali. Durante questo periodo, è importante ridurre gradualmente l'irrigazione e esporre la pianta a temperature più fresche per simulare le condizioni invernali del suo habitat naturale. Mantenere la pianta in un luogo fresco ma non gelido e ridurre l'alimentazione per consentire alla pianta di prepararsi per il suo periodo di dormienza.

Durante l'inverno, quando le temperature sono più fredde e la luce solare è limitata, è importante proteggere la Dionaea dal gelo e dal surriscaldamento. Mantenere la pianta in un ambiente fresco ma non gelido e ridurre al minimo l'irrigazione per evitare il marciume radicale. È anche consigliabile proteggere la pianta da correnti d'aria fredde eccessive che potrebbero danneggiare le foglie e le trappole.

In conclusione, seguendo questi consigli per la cura stagionale della Dionaea Muscipula, gli coltivatori possono garantire una crescita sana e robusta della loro pianta carnivora durante tutto l'anno, godendo della bellezza e dell'affascinante meccanismo di cattura di questa straordinaria specie.

8. Potatura e Manutenzione della Pianta

La potatura e la manutenzione della Dionaea Muscipula sono pratiche importanti per garantire la salute e il benessere della pianta carnivora nel corso del suo ciclo di vita. Queste attività consentono agli coltivatori di rimuovere foglie morte o danneggiate, promuovere la crescita vigorosa e mantenere la forma desiderata della pianta. Seguire alcune linee guida e tecniche specifiche può aiutare gli coltivatori a eseguire con successo la potatura e la manutenzione della loro Dionaea.

La potatura delle foglie morte o danneggiate è una pratica comune che può contribuire a migliorare l'aspetto estetico della pianta e prevenire la diffusione di malattie o parassiti. Quando si potano le foglie, è importante utilizzare forbici pulite e affilate per ridurre al minimo il rischio di danni alla pianta. Inoltre, è consigliabile rimuovere solo le foglie visibilmente danneggiate o morte, evitando di potare eccessivamente la pianta, poiché questo potrebbe compromettere la sua capacità di fotosintesi e crescita.

Oltre alla potatura delle foglie, è importante anche rimuovere regolarmente qualsiasi trappola che sia diventata nera o marrone, poiché ciò potrebbe indicare che la trappola è completamente digerita e pronta per essere rimossa. Questo processo, noto come "rimozione della trappola", consente alla pianta di conservare energia e risorse eliminando le trappole vuote e preparandole per la produzione di nuove trappole.

Inoltre, è consigliabile eseguire la divisione della pianta ogni pochi anni per favorire la crescita e la vitalità della Dionaea. Questo processo comporta la separazione dei rizomi della pianta madre in sezioni più piccole, ognuna delle quali può essere trapiantata in un vaso separato per creare una nuova pianta. La divisione della pianta è particolarmente utile con le piante mature che hanno sviluppato una fitta rete di rizomi e può contribuire a prevenire l'accumulo eccessivo di radici nel vaso.

Infine, è importante mantenere un'adeguata igiene intorno alla pianta, rimuovendo regolarmente foglie morte, trappole vuote o altri detriti che potrebbero accumularsi nel terreno o sulla superficie della pianta. Questo può aiutare a prevenire l'insorgenza di malattie o parassiti e mantenere la pianta in condizioni ottimali di salute e benessere.

In conclusione, la potatura e la manutenzione regolare della Dionaea Muscipula sono pratiche essenziali per garantire una crescita sana e vigorosa della pianta carnivora nel corso del tempo. Seguendo queste linee guida e tecniche specifiche, gli coltivatori possono godere di una Dionaea prospera e bella che continua a catturare e affascinare nel corso degli anni.

9. Ambienti Ideali: Interni ed Esterni

La scelta dell'ambiente ideale per coltivare la Dionaea Muscipula può influenzare significativamente la sua salute e il suo benessere complessivo. Gli coltivatori devono considerare una serie di fattori, sia per gli ambienti interni che esterni, al fine di fornire alle loro piante carnivore le condizioni ottimali per prosperare e crescere vigorose.

Per gli ambienti interni, è importante selezionare un luogo che fornisca una quantità adeguata di luce solare indiretta. Posizionare la pianta vicino a una finestra orientata a sud o a ovest può garantire un'illuminazione sufficiente senza esporre la pianta a temperature eccessivamente calde o intense. È anche possibile utilizzare lampade a LED specifiche per piante carnivore per integrare l'illuminazione naturale e garantire che la pianta riceva la giusta quantità di luce anche in ambienti interni con scarsa illuminazione naturale.

Inoltre, è importante mantenere un'adeguata umidità intorno alla pianta, specialmente in ambienti interni con aria condizionata o riscaldamento centralizzato che possono ridurre l'umidità dell'aria. L'utilizzo di umidificatori o la nebulizzazione regolare delle foglie della pianta può aiutare a mantenere un ambiente umido e confortevole per la Dionaea, contribuendo a prevenire la disidratazione e il disseccamento delle foglie.

Per quanto riguarda gli ambienti esterni, è importante selezionare un luogo che fornisca una quantità adeguata di luce solare diretta, ma anche protezione dalle temperature eccessivamente calde o fredde e dalle condizioni meteorologiche estreme. Posizionare la pianta in un luogo parzialmente ombreggiato, come sotto un albero o un pergolato, può fornire una buona combinazione di luce solare e protezione dalle intemperie.

Inoltre, è importante tenere conto delle esigenze specifiche della Dionaea durante i diversi periodi dell'anno e adattare di conseguenza le condizioni ambientali. Ad esempio, durante i mesi estivi, potrebbe essere necessario aumentare l'irrigazione e proteggere la pianta dalle alte temperature, mentre durante i mesi invernali potrebbe essere necessario ridurre l'irrigazione e proteggere la pianta dal gelo e dal freddo eccessivo.

In conclusione, sia che si scelga di coltivare la Dionaea Muscipula in ambienti interni o esterni, è importante fornire alla pianta le condizioni ambientali ottimali per la sua salute e il suo benessere complessivo. Seguendo queste linee guida e adattando le pratiche di cura alle esigenze specifiche della pianta, gli coltivatori possono godere di una Dionaea sana e robusta che continua a catturare e affascinare nel corso del tempo.

10. Ibridazione e Cultivar Popolari

L'ibridazione e la creazione di nuovi cultivar sono pratiche comuni nel mondo della coltivazione delle piante carnivore, compresa la Dionaea Muscipula. Questi processi consentono agli esperti di manipolare le caratteristiche genetiche delle piante per produrre nuove varietà con caratteristiche desiderate, come colori unici, dimensioni delle trappole, resistenza alle malattie o temperature estreme, e altro ancora.

L'ibridazione viene generalmente eseguita incrociando due piante diverse della stessa specie o di specie diverse per produrre una progenie che combina le caratteristiche delle piante genitore. Gli ibridi risultanti possono presentare una vasta gamma di tratti e possono essere selezionati per ulteriori incroci o per la produzione di nuovi cultivar.

Inoltre, sono stati sviluppati numerosi cultivar popolari di Dionaea Muscipula, ognuno dei quali ha caratteristiche uniche e distintive. Ad esempio, il cultivar 'Akai Ryu' è noto per le sue trappole di colore rosso intenso, mentre il cultivar 'Dente di Leone' presenta trappole con margini dentati che conferiscono loro un aspetto particolarmente affilato. Altri cultivar, come 'King Henry' e 'B52', sono apprezzati per le loro dimensioni più grandi e la loro robustezza.

Gli coltivatori possono selezionare i cultivar in base alle loro preferenze personali e alle esigenze specifiche del loro ambiente di coltivazione. Ad esempio, se si desidera una Dionaea con una resistenza superiore alle malattie o alle condizioni climatiche estreme, potrebbe essere preferibile scegliere un cultivar con una storia comprovata di robustezza e adattabilità.

Inoltre, l'ibridazione e la creazione di nuovi cultivar offrono agli appassionati di piante carnivore l'opportunità di contribuire attivamente alla comunità della coltivazione delle piante carnivore, condividendo le loro scoperte e sviluppando nuove varietà che possono arricchire il mondo delle piante carnivore.

In conclusione, l'ibridazione e la creazione di cultivar popolari rappresentano una parte importante del mondo della coltivazione delle piante carnivore, offrendo agli coltivatori la possibilità di selezionare varietà con caratteristiche specifiche e contribuire alla continua diversificazione e innovazione all'interno della comunità della coltivazione delle piante carnivore.

IV. Drosera: Le Piante a Foglia Appiccicosa

1. Struttura delle foglie di Drosera

La struttura delle foglie di Drosera è un elemento fondamentale nella comprensione del funzionamento di questa affascinante pianta carnivora. Le foglie di Drosera presentano una morfologia unica e altamente specializzata che le rende adatte alla cattura e alla digestione delle prede.

Innanzitutto, è importante notare che le foglie di Drosera sono caratterizzate da una forma appiattita e rotonda o ovale, spesso simile a una rosetta. Questa conformazione consente alla pianta di massimizzare la superficie esposta al sole e alle prede, ottimizzando così il suo potenziale carnivoro. La parte superiore delle foglie è di solito ricoperta da lunghi peli ghiandolari, noti come tentacoli, che sono responsabili della cattura delle prede.

Ogni tentacolo è rivestito da una sostanza appiccicosa, chiamata mucillagine, che secreta una sostanza appiccicosa e appiccicosa. Questa mucillagine agisce come un vero e proprio "adesivo" per le prede, attirandole e intrappolandole quando entrano in contatto con i tentacoli della pianta. Una volta catturate, le prede sono trattenute dai tentacoli e iniziano a essere digerite attraverso un processo enzimatico.

Inoltre, le foglie di Drosera presentano spesso una colorazione accattivante, che varia da verde chiaro a rosso intenso, a seconda della specie e delle condizioni di crescita. Questa colorazione non solo conferisce un aspetto estetico alla pianta, ma può anche svolgere un ruolo nella sua capacità di attrarre le prede, mimetizzandosi o segnalando la presenza di ghiandole adesive.

Infine, le foglie di Drosera sono altamente sensibili agli stimoli esterni, come il contatto con una preda o la luce solare. Questa sensibilità è attribuita a strutture specializzate, chiamate tricomi sensitivi, che sono in grado di percepire il movimento delle prede e di attivare una risposta di cattura e digestione.

In conclusione, la struttura delle foglie di Drosera è un esempio straordinario di adattamento evolutivo alla dieta carnivora e rappresenta un'importante chiave per comprendere il funzionamento e la biologia di questa affascinante pianta carnivora.

2. Processo di cattura delle prede nelle Drosera

Il processo di cattura delle prede nelle Drosera è un meccanismo altamente specializzato e sofisticato che consente a queste piante carnivore di acquisire nutrienti essenziali attraverso la predazione di insetti e piccoli organismi. Questo processo è caratterizzato da una serie di passaggi distinti che si verificano una volta che una preda entra in contatto con i tentacoli ghiandolari della pianta.

Innanzitutto, quando un insetto o un altro organismo si posa sulla superficie della foglia di Drosera, viene immediatamente intrappolato dalla vischiosità della mucillagine presente sui tentacoli della pianta. Questa sostanza appiccicosa agisce come un vero e proprio adesivo, impedendo alla preda di liberarsi e di fuggire dalla trappola della pianta.

Successivamente, una volta che la preda è stata catturata e intrappolata, le ghiandole delle foglie iniziano a secernere enzimi digestivi sulla superficie della preda. Questi enzimi hanno il compito di scomporre i tessuti della preda e di trasformarli in una forma utilizzabile di nutrienti che la pianta può assorbire attraverso i pori della foglia.

Durante questo processo di digestione, le foglie di Drosera sono in grado di assorbire nutrienti essenziali, come azoto, fosforo e potassio, che sono cruciali per la crescita e lo sviluppo sano della pianta. Questo meccanismo di cattura e digestione delle prede consente alle Drosera di sopravvivere in ambienti dove il suolo è povero di nutrienti, e di ottenere le risorse necessarie per prosperare.

Inoltre, è interessante notare che le Drosera sono in grado di distinguere tra prede viventi e oggetti inanimati che possono entrare in contatto con i loro tentacoli. Questa capacità di discriminazione consente alla pianta di risparmiare energia non cercando di digerire oggetti non nutritivi e concentrando le sue risorse sulla cattura e la digestione delle prede effettive.

In conclusione, il processo di cattura delle prede nelle Drosera è un processo complesso e altamente specializzato che consente a queste affascinanti piante carnivore di ottenere i nutrienti necessari per la loro sopravvivenza e il loro benessere. La capacità di catturare e digerire prede viventi rappresenta un adattamento evolutivo straordinario che ha permesso alle Drosera di prosperare in una vasta gamma di habitat e di diventare una delle piante carnivore più iconiche e affascinanti del regno vegetale.

3. Terreno e substrato ideali per la coltivazione

La scelta del terreno e del substrato per la coltivazione delle Drosera è fondamentale per garantire la salute e la prosperità di queste affascinanti piante carnivore. Poiché le Drosera sono piante che crescono tipicamente in habitat umidi e poveri di nutrienti, è importante replicare queste condizioni nei nostri ambienti domestici per garantire il successo della coltivazione.

Un terreno ideale per le Drosera dovrebbe essere ben drenante e poroso, consentendo un'adeguata circolazione dell'aria intorno alle radici della pianta e prevenendo il ristagno d'acqua, che potrebbe portare al marciume radicale. Un substrato comune e altamente efficace per le Drosera è una miscela di torba di sfagno e perlite o vermiculite, che fornisce una buona ritenzione d'acqua senza trattenere troppo l'umidità.

La torba di sfagno è un componente chiave del substrato per le Drosera in quanto è un materiale acido e povero di nutrienti, che simula da vicino i terreni naturali in cui queste piante crescono in natura. La torba di sfagno aiuta anche a mantenere un ambiente umido intorno alle radici delle piante, che è cruciale per la loro salute e il loro benessere.

La perlite e la vermiculite sono aggiunte al substrato per migliorare il drenaggio e prevenire il ristagno d'acqua. Questi materiali leggeri e porosi consentono all'aria di circolare liberamente attraverso il substrato, evitando soffocamento delle radici e promuovendo la crescita sana delle piante.

Inoltre, è possibile arricchire il substrato con piccole quantità di substrato di terriccio non fertilizzato o sabbia di quarzo fine per aumentare la struttura e la stabilità del substrato. Tuttavia, è importante evitare l'uso di terreni arricchiti di nutrienti, come terriccio da giardino o compost, poiché possono causare danni alle piante carnivore sensibili alle sostanze nutritive in eccesso.

In conclusione, la scelta del terreno e del substrato ideali è cruciale per la coltivazione di successo delle Drosera. Utilizzando una miscela ben equilibrata di torba di sfagno, perlite o vermiculite e altri materiali porosi, è possibile creare un ambiente ottimale per la crescita e lo sviluppo sano di queste affascinanti piante carnivore.

4. Esigenze di luce e illuminazione specifiche

Le esigenze di luce e illuminazione specifiche per le Drosera sono un aspetto cruciale da considerare per garantire una crescita ottimale e una salute vigorosa delle piante carnivore. Poiché le Drosera sono piante che si sono adattate a habitat soleggiati e luminosi, è essenziale fornire loro una quantità adeguata di luce per sostenere le loro funzioni vitali e la cattura efficace delle prede.

Idealmente, le Drosera dovrebbero essere coltivate in luoghi dove possono ricevere una luce solare diretta per almeno 6-8 ore al giorno. La luce solare è la fonte di energia primaria per le Drosera, che utilizzano la fotosintesi per produrre energia e nutrienti essenziali per la loro crescita e il loro metabolismo. Pertanto, posizionare le piante in una posizione dove possono godere di molta luce solare diretta è fondamentale per il loro benessere complessivo.

Tuttavia, in alcune situazioni in cui la luce solare diretta potrebbe non essere disponibile in modo sufficiente, è possibile integrare la luce naturale con l'illuminazione artificiale. Le lampade fluorescenti o a LED possono essere utilizzate per fornire una fonte di luce supplementare alle Drosera, simulando le condizioni luminose del sole. È importante selezionare lampade con uno spettro luminoso adatto alle esigenze delle piante carnivore, con una maggiore emissione di luce blu e rossa, che sono essenziali per la fotosintesi e la crescita delle piante.

Quando si utilizzano lampade artificiali, è importante posizionarle ad una distanza ottimale dalle piante per evitare il surriscaldamento o la scottatura delle foglie. In generale, una distanza di circa 15-30 centimetri dalle piante è consigliata per garantire una distribuzione uniforme della luce e una crescita sana delle Drosera.

Inoltre, è importante monitorare attentamente la quantità e la qualità della luce fornita alle Drosera, regolandola di conseguenza in base alle esigenze specifiche delle piante e alle condizioni ambientali circostanti. Osservare attentamente le piante per segni di stress luminoso, come foglie bruciate o ingiallite, e regolare l'illuminazione di conseguenza per evitare danni alle piante.

In conclusione, fornire alle Drosera una quantità adeguata di luce solare diretta o un'illuminazione artificiale appropriata è essenziale per la loro crescita e il loro benessere complessivo. Assicurarsi di soddisfare le esigenze specifiche di illuminazione delle Drosera può contribuire in modo significativo al successo della loro coltivazione e alla loro longevità nel tempo.

5. Gestione dell'umidità e dell'irrigazione

La gestione dell'umidità e dell'irrigazione è un aspetto critico nella coltivazione delle Drosera, poiché queste piante carnivore provengono da habitat naturali umidi e hanno esigenze specifiche per quanto riguarda l'approvvigionamento idrico. Un'adeguata umidità ambientale e un'irrigazione corretta sono fondamentali per mantenere la salute e la vitalità delle Drosera e per garantire una crescita ottimale delle piante.

Per mantenere un ambiente sufficientemente umido intorno alle Drosera, è consigliabile collocare le piante su un vassoio riempito con ghiaia o perlite umida e mantenere sempre una piccola quantità d'acqua nel vassoio. Questo permette alla pianta di assorbire umidità attraverso le sue radici e di mantenere un microclima umido intorno alle foglie, essenziale per la loro funzione catturatrice e il benessere generale.

Inoltre, è importante evitare l'irrigazione eccessiva delle Drosera, poiché il ristagno d'acqua intorno alle radici può portare al marciume radicale e alla morte della pianta. Si consiglia di irrigare le Drosera quando il substrato inizia ad asciugarsi leggermente in superficie, utilizzando acqua distillata o demineralizzata per evitare l'accumulo di sali minerali dannosi nel substrato.

Un'altra strategia utile per mantenere un'adeguata umidità intorno alle Drosera è utilizzare un umidificatore nell'ambiente di coltivazione, specialmente durante i periodi di clima secco o in inverno, quando l'aria interna tende ad essere più secca. L'umidificatore aiuta a mantenere un livello costante di umidità nell'aria intorno alle piante, fornendo loro le condizioni ottimali per la crescita e il benessere.

È importante anche evitare l'esposizione delle Drosera a correnti d'aria secche o ventilatori diretti, che possono causare un'eccessiva perdita d'acqua attraverso le foglie e portare ad un'essiccazione eccessiva delle piante. Posizionare le piante in un'area dove possono beneficiare di una buona circolazione dell'aria senza essere esposte a correnti d'aria troppo intense.

In conclusione, gestire correttamente l'umidità e l'irrigazione è fondamentale per la salute e la vitalità delle Drosera. Mantenere un ambiente umido intorno alle piante, evitare l'irrigazione eccessiva e utilizzare strategie supplementari come l'uso di umidificatori possono contribuire significativamente al successo della coltivazione delle Drosera e alla loro prosperità nel tempo.

6. Temperatura e condizioni ambientali ottimali

Le Drosera prosperano in condizioni ambientali specifiche, pertanto è essenziale comprendere e gestire attentamente la temperatura e le condizioni circostanti per garantire una crescita ottimale e la salute delle piante carnivore. Poiché le Drosera sono originarie di habitat che variano da climi temperati a tropicali, la temperatura gioca un ruolo cruciale nel determinare il loro benessere e la loro crescita.

In generale, le Drosera preferiscono temperature moderate e piuttosto costanti, comprese tra i 18°C e i 25°C durante il giorno e leggermente più fresche durante la notte. Temperature più elevate possono essere tollerate, ma solo se accompagnate da un'adeguata ventilazione e umidità per evitare stress termico e disidratazione delle piante.

Durante i mesi più freddi, è importante proteggere le Drosera dalle temperature estreme e dai geli, che possono danneggiare irreparabilmente le piante carnivore. In questo caso, è consigliabile coltivare le Drosera in contenitori mobili o all'interno di serre o terrari, dove è possibile mantenere una temperatura più stabile e controllata.

Inoltre, le Drosera possono trarre beneficio da una variazione delle temperature giorno-notte, che può stimolare la crescita e favorire un metabolismo sano. Durante la stagione di crescita attiva, è consigliabile esporre le piante a temperature leggermente più fresche durante la notte, mentre durante il riposo invernale, ridurre gradualmente le temperature per favorire il riposo dormiente delle piante.

Le condizioni ambientali oltre alla temperatura, come l'umidità relativa e la circolazione dell'aria, sono anch'esse importanti per il benessere delle Drosera. Mantenere un'umidità relativa del 50-70% è ottimale per la maggior parte delle specie di Drosera, mentre una buona ventilazione è essenziale per prevenire la formazione di muffe e malattie fungine.

In sintesi, gestire attentamente la temperatura e le condizioni ambientali è fondamentale per il successo della coltivazione delle Drosera. Fornire alle piante le temperature ottimali e un ambiente confortevole può favorire una crescita sana e vigorosa, garantendo la prosperità a lungo termine delle piante carnivore.

7. Fertilizzazione e alimentazione per le Drosera

La fertilizzazione e l'alimentazione delle Drosera costituiscono un aspetto cruciale della loro coltivazione e cura. Essendo piante carnivore, le Drosera si affidano principalmente alla cattura e alla digestione di insetti per ottenere i nutrienti di cui necessitano per la crescita e lo sviluppo ottimali. Tuttavia, in alcune situazioni possono trarre beneficio da integrazioni nutrizionali, specialmente se coltivate in terreni poveri di sostanze nutritive.

Quando si tratta di fertilizzazione, è importante adottare un approccio cauto e moderato, poiché un eccesso di sostanze nutritive può danneggiare le radici delle Drosera e portare a un indebolimento generale delle piante. Si consiglia di utilizzare fertilizzanti specifici per piante carnivore o fertilizzanti a basso contenuto di nutrienti, diluendoli accuratamente seguendo le indicazioni del produttore e applicandoli con parsimonia.

Un metodo comune di alimentazione per le Drosera consiste nell'offrire loro insetti vivi o morti su cui nutrirsi. Le Drosera utilizzano le loro foglie adesive e appiccicose per intrappolare e digerire gli insetti catturati, assorbendo i nutrienti rilasciati durante il processo di decomposizione. È importante fornire agli insetti una dimensione adeguata alla pianta, evitando di offrire prede troppo grandi che potrebbero danneggiare le foglie o provocare sovraccarichi nutrizionali.

Inoltre, alcune specie di Drosera possono trarre beneficio da integratori alimentari occasionali sotto forma di alimenti per pesci o altri insetti ricchi di proteine, che possono fornire un apporto nutrizionale supplementare durante i periodi di crescita attiva o rigenerazione. Tuttavia, è importante utilizzare tali integratori con moderazione e attenzione per evitare sovradosaggi e problemi di salute per le piante.

Infine, è importante tenere presente che le Drosera possono sopravvivere senza l'alimentazione supplementare se coltivate in condizioni ottimali e in presenza di una quantità sufficiente di prede naturali. In molte situazioni, la fertilizzazione e l'alimentazione delle Drosera possono essere considerate come un intervento occasionale e non necessario se le piante sono in salute e crescono vigorosamente.

In conclusione, la fertilizzazione e l'alimentazione delle Drosera possono essere considerate come strumenti supplementari per ottimizzare la crescita e la salute delle piante carnivore, ma devono essere utilizzati con attenzione e moderazione per evitare potenziali danni alle piante. Una comprensione approfondita delle esigenze nutrizionali e un monitoraggio attento delle piante possono contribuire a garantire il successo della coltivazione delle Drosera nel lungo periodo.

8. Metodi di propagazione e riproduzione

La propagazione e la riproduzione delle Drosera offrono agli appassionati la possibilità di espandere la propria collezione di piante carnivore e di preservare le varietà rare e preziose. Esistono diversi metodi di propagazione, ciascuno con le proprie caratteristiche e requisiti specifici, che consentono di ottenere nuove piante a partire da esemplari esistenti.

Uno dei metodi più comuni per propagare le Drosera è la divisione dei rizomi o delle talee. Questo metodo prevede il distacco di una porzione della pianta madre, comprensiva di radici e foglie, e il suo trapianto in un nuovo substrato per promuovere la crescita delle radici e lo sviluppo della nuova pianta. È importante assicurarsi che ogni sezione abbia abbastanza radici per garantire una buona ripresa e fornire le cure adeguate per favorire il radicamento.

Un altro metodo di propagazione delle Drosera è la semina dei semi. Questo metodo richiede pazienza e attenzione, poiché i semi delle Drosera sono piccoli e possono richiedere condizioni specifiche per germogliare con successo. È consigliabile seminare i semi su un substrato leggero e ben drenato, mantenendo una costante umidità e una temperatura calda per favorire la germinazione. Una volta germogliati, i piccoli piantini possono essere trapiantati in vasi individuali e curati come piante adulte.

Inoltre, alcune specie di Drosera possono essere propagate attraverso la produzione di gemme o gemme laterali. Questo processo naturale può essere stimolato attraverso la manipolazione della pianta madre o l'applicazione di specifiche tecniche di potatura. Una volta formatesi, le gemme possono essere separate dalla pianta madre e trapiantate singolarmente per sviluppare nuove piante.

Infine, la propagazione delle Drosera può essere ottenuta anche attraverso tecniche avanzate come la micropropagazione in vitro o la coltivazione di tessuti. Questi metodi richiedono attrezzature specializzate e competenze avanzate, ma offrono la possibilità di produrre un gran numero di piante in un breve periodo di tempo, utilizzando materiale di partenza sterilizzato e controllato.

In conclusione, la propagazione e la riproduzione delle Drosera sono processi affascinanti che consentono agli appassionati di espandere la propria collezione e di preservare le specie rare e minacciate. Con una corretta conoscenza dei diversi metodi disponibili e delle relative tecniche, è possibile ottenere nuove piante carnivore in modo efficace e gratificante, contribuendo alla conservazione di queste straordinarie specie vegetali.

9. Comuni problemi di salute e relative soluzioni

Nel corso della coltivazione delle Drosera, è possibile incontrare una serie di problemi di salute che richiedono un'attenta osservazione e interventi tempestivi per garantire la salute e il benessere delle piante carnivore. Tra i problemi più comuni che possono verificarsi durante la coltivazione delle Drosera ci sono le malattie fungine, l'attacco di parassiti e l'eccesso o la carenza di nutrienti nel terreno. Fortunatamente, esistono diverse soluzioni pratiche per affrontare questi problemi e preservare la salute delle piante.

Le malattie fungine, come la muffa grigia e l'oïdium, possono insediarsi sulle foglie delle Drosera in condizioni di umidità elevata e scarsa circolazione dell'aria. Per prevenire e gestire queste malattie, è importante mantenere un'adeguata ventilazione intorno alle piante, evitare l'eccessiva umidità sulle foglie e utilizzare fungicidi naturali o trattamenti a base di bicarbonato di sodio.

L'attacco di parassiti come afidi, cocciniglie e acari può danneggiare le foglie e compromettere la salute delle Drosera. Per contrastare l'infestazione di parassiti, è consigliabile monitorare regolarmente le piante per individuare tempestivamente la presenza di insetti dannosi e intervenire con metodi di controllo biologico o l'uso di insetticidi naturali come l'olio di neem.

Inoltre, è importante fornire alle Drosera un terreno ben drenato e privo di accumuli d'acqua stagnante per evitare problemi legati alla ritenzione idrica e alla decomposizione delle radici. Se le piante mostrano segni di marciume radicale o deperimento, è consigliabile trapiantarle in un nuovo substrato e rimuovere le radici danneggiate per favorire il recupero.

Infine, è fondamentale monitorare attentamente l'apporto di nutrienti alle Drosera e evitare sia l'eccesso che la carenza di elementi essenziali come azoto, fosforo e potassio. L'uso di fertilizzanti specifici per piante carnivore o l'integrazione di alimenti naturali come insetti o vermi può contribuire a soddisfare le esigenze nutritive delle piante e favorire una crescita sana e vigorosa.

In conclusione, affrontare i problemi di salute delle Drosera richiede una combinazione di monitoraggio attento, interventi mirati e pratiche colturali adeguate. Con una corretta gestione e cura, è possibile prevenire e risolvere una vasta gamma di problemi, garantendo alle piante carnivore un ambiente ottimale per prosperare e fiorire.

10. Cure stagionali per le diverse varietà di Drosera

Le diverse varietà di Drosera possono presentare esigenze specifiche durante le diverse stagioni dell'anno, e comprendere queste variazioni è fondamentale per garantire una cura ottimale e favorire una crescita sana e vigorosa delle piante carnivore. Durante la stagione primaverile, molte specie di Drosera mostrano un aumento dell'attività di crescita e della produzione di foglie nuove, poiché le temperature si riscaldano e le giornate diventano più lunghe. Durante questo periodo, è importante fornire alle piante una quantità sufficiente di luce solare diretta e mantenere il terreno costantemente umido, evitando però ristagni idrici che potrebbero favorire lo sviluppo di malattie fungine.

Con l'arrivo dell'estate, le temperature possono diventare più elevate e le piante potrebbero richiedere una maggiore attenzione per prevenire il surriscaldamento e l'essiccazione del terreno. Durante i periodi di caldo intenso, è consigliabile proteggere le Drosera dai raggi solari diretti e fornire ombra parziale durante le ore più calde della giornata. Inoltre, è fondamentale mantenere un'adeguata umidità ambientale intorno alle piante e irrigare regolarmente per evitare lo stress da disidratazione.

Con l'arrivo dell'autunno, molte varietà di Drosera possono entrare in uno stato di riposo vegetativo, riducendo l'attività di crescita e diminuendo la produzione di nuove foglie. Durante questo periodo, è importante ridurre gradualmente le irrigazioni e consentire al terreno di asciugarsi leggermente tra un'irrigazione e l'altra per evitare il marciume radicale. Inoltre, è consigliabile proteggere le piante dai venti freddi e dalle gelate notturne, specialmente per le varietà più sensibili alle basse temperature.

Infine, durante l'inverno, molte specie di Drosera possono entrare in uno stato di dormienza, riducendo notevolmente l'attività di crescita e mostrando segni di riduzione della vegetazione. Durante questo periodo, è importante mantenere le piante in un ambiente fresco e ben ventilato, evitando l'eccesso di umidità e proteggendole dalle temperature estreme. Durante la dormienza invernale, è consigliabile ridurre al minimo le irrigazioni e sospendere l'applicazione di fertilizzanti, consentendo alle piante di riposare e prepararsi per la ripresa della crescita nella stagione successiva.

V. Sarracenia: Le Trombe del Nord America

1. Anatomia delle Sarracenia

Le Sarracenia, conosciute comunemente come "Trombe del Nord America", sono affascinanti piante carnivore che si distinguono per la loro straordinaria anatomia adattata alla cattura e alla digestione degli insetti. La caratteristica più distintiva di queste piante è rappresentata dalle loro foglie a forma di tubo, spesso chiamate "ascidi", che fungono da trappole per le prede. Queste foglie tubolari possono variare notevolmente in dimensioni, forma e colore a seconda della specie e della varietà. Alcune Sarracenia presentano ascidi corti e larghi, mentre altre possono avere ascidi lunghi e sottili, ma tutte sono progettate per attirare, intrappolare e digerire gli insetti.

La parte superiore dell'ascidio, nota come "coperchio", è spesso modificata per fornire una protezione contro la pioggia e per aiutare a dirigere gli insetti all'interno della trappola. Questo coperchio può essere di diverse forme e dimensioni, a seconda della specie, e può presentare varie colorazioni e pattern che servono anche a fungere da segnale visivo per attirare le prede.

All'interno dell'ascidio, lungo le pareti interne, sono presenti una serie di peli rivolti verso il basso chiamati "setae". Questi peli sono in realtà estensioni delle cellule epiteliali della foglia e hanno la funzione di rendere difficoltoso per gli insetti cercare di arrampicarsi fuori dalla trappola una volta che sono caduti all'interno. Inoltre, i peli sono rivestiti di una sostanza appiccicosa, come una sorta di colla, che aiuta ad intrappolare le prede una volta che sono cadute nell'ascidio.

Alla base dell'ascidio si trova un organo chiamato "peristoma", che è costituito da una serie di pieghe o protuberanze che formano una sorta di bocca per l'ascidio. Questo peristoma serve a mantenere le prede intrappolate all'interno della trappola e a impedire loro di fuggire una volta catturate.

Inoltre, le radici delle Sarracenia sono adattate a crescere in substrati poveri di nutrienti, e spesso formano un intreccio intricato che consente loro di assorbire i nutrienti necessari per la crescita e lo sviluppo dalla decomposizione delle prede intrappolate all'interno degli ascidi.

2. Meccanismo di cattura delle prede

Il meccanismo di cattura delle prede delle Sarracenia è un processo sofisticato e altamente specializzato che sfrutta le caratteristiche uniche delle loro foglie adattate. Quando un insetto viene attirato dall'ascidio della pianta, principalmente attraverso l'uso di colori vivaci, secrezioni aromatiche e nectar, si avvicina alla bocca dell'ascidio, attratto dall'apparenza attraente della pianta.

Una volta che l'insetto si avvicina al bordo dell'ascidio, può scivolare o cadere accidentalmente all'interno. Una volta all'interno, l'insetto incontra le pareti interne rivestite di setae, i peli appuntiti rivolti verso il basso che rendono difficile la fuga. Se l'insetto cerca di arrampicarsi verso l'alto per cercare di uscire, i peli appiccicosi lo intrappolano ulteriormente, impedendo la sua fuga.

Inoltre, il movimento dell'insetto all'interno dell'ascidio può attivare ulteriori meccanismi di cattura. Ad esempio, in alcune specie di Sarracenia, il contatto dell'insetto con le setae può innescare la produzione di più secrezioni appiccicose, rendendo ancora più difficile per l'insetto liberarsi.

Una volta intrappolato, l'insetto inizia a debilitarsi mentre cerca di liberarsi dalla trappola. Le secrezioni digestive prodotte dalla pianta iniziano a agire sulla preda, decomponendo i tessuti dell'insetto e trasformando le sue parti nutritive in sostanze assimilabili dalla pianta.

Infine, una volta che l'insetto è stato digerito completamente, la pianta assorbe i nutrienti risultanti dalla decomposizione attraverso le sue radici. Questo ciclo di cattura, digestione e assorbimento dei nutrienti è essenziale per il benessere e la sopravvivenza delle Sarracenia nelle loro ambientazioni nutrienti povere dei torbiere e delle paludi del Nord America.

3. Esigenze di coltivazione

Le esigenze di coltivazione delle Sarracenia riflettono le loro origini naturali nelle paludi e nei torbiere del Nord America. Queste piante prediligono un ambiente umido e acido, simile a quello dei loro habitat nativi, quindi è fondamentale fornire loro le condizioni adatte per prosperare.

In primo luogo, il terreno deve essere ben drenato ma allo stesso tempo mantenere un'umidità costante, idealmente con un pH leggermente acido. Un substrato composto principalmente da torba e sabbia può essere adatto, ma è importante evitare terreni troppo ricchi di sostanze nutritive che potrebbero danneggiare le radici sensibili delle Sarracenia.

Dal momento che queste piante sono amanti della luce solare, è essenziale fornire loro una posizione ben esposta al sole, preferibilmente con almeno 6-8 ore di luce solare diretta al giorno. Inoltre, l'aria dovrebbe essere ben ventilata per evitare il ristagno dell'umidità intorno alle piante, che potrebbe favorire lo sviluppo di muffe o malattie.

Le Sarracenia hanno anche bisogno di un'adeguata quantità di acqua, ma è importante non lasciare che il terreno diventi eccessivamente bagnato o che le radici rimangano costantemente immerse nell'acqua stagnante, poiché ciò potrebbe causare il marciume radicale. L'irrigazione dovrebbe essere fatta utilizzando acqua priva di cloro e preferibilmente piovana o distillata.

Durante i mesi più freddi, molte specie di Sarracenia beneficiano di una dormienza invernale, durante la quale necessitano di temperature più fresche e di una riduzione dell'irrigazione. Durante questa fase, è importante proteggere le piante da temperature estreme eccessive, ma anche evitare di sovrapporre coperture che potrebbero impedire loro di ricevere sufficiente luce solare.

Infine, le Sarracenia possono essere sensibili alle malattie e agli attacchi di parassiti, quindi è consigliabile monitorarle regolarmente per segni di problemi e prendere provvedimenti tempestivi per prevenirli o trattarli. Una corretta cura e attenzione alle loro esigenze specifiche possono garantire alle Sarracenia di prosperare e prosperare nel giardino o nella collezione di piante carnivore.

4. Riproduzione e propagazione

La riproduzione e la propagazione delle Sarracenia possono essere affascinanti e gratificanti per i coltivatori di piante carnivore. Queste piante possono essere propagate con successo attraverso diversi metodi, consentendo ai coltivatori di espandere la propria collezione o condividere le loro piante con altri appassionati.

Uno dei metodi più comuni per propagare le Sarracenia è attraverso la divisione dei rizomi. Durante la primavera o l'estate, quando le piante sono in fase di crescita attiva, è possibile dividere i rizomi con attenzione utilizzando un coltello affilato. Assicurarsi di avere almeno un rizoma sano e una buona porzione di radici per ciascuna nuova pianta. Le divisioni possono quindi essere trapiantate in vasi separati e coltivate in condizioni favorevoli.

Un altro metodo comune di propagazione è attraverso i semi. Le Sarracenia producono fiori attraenti durante la primavera e l'estate, e la raccolta dei semi può essere un modo eccitante per ottenere nuove piante. I semi possono essere seminati in un substrato leggero e ben drenato e mantenuti costantemente umidi. La germinazione può richiedere diverse settimane o mesi, ma con pazienza, i semi dovrebbero germogliare, producendo nuove piante che possono essere trapiantate una volta abbastanza grandi.

La propagazione delle Sarracenia può anche avvenire tramite talee di foglie o rizomi. Tagliare una foglia sana in pezzi più piccoli e piantarli in un terreno adatto può produrre nuove piante, anche se questo metodo può richiedere più tempo e pazienza rispetto ad altri.

Indipendentemente dal metodo scelto, è importante fornire alle piante giovani le condizioni ideali per la crescita, inclusa la luce solare diretta, un'umidità adeguata e un substrato adatto. Con cura e attenzione, le nuove piante dovrebbero crescere robuste e prosperare nel loro ambiente.

5. Ambienti ideali per la crescita

Per ottenere la migliore crescita e sviluppo delle Sarracenia, è essenziale creare un ambiente ideale che replichi le condizioni naturali in cui queste piante prosperano. Le Sarracenia sono native principalmente delle regioni paludose e delle paludi dell'America del Nord, dove sono esposte a condizioni di luce solare intensa, terreni acidi e abbondanza di acqua e umidità.

In un ambiente domestico, le Sarracenia prosperano meglio quando coltivate all'aperto in pieno sole. Posizionare i vasi o le aiuole in un'area dove ricevano almeno 6-8 ore di luce solare diretta al giorno. Questa luce solare diretta aiuta le piante a sviluppare colori più vivaci e a stimolare il processo di cattura delle prede.

Per quanto riguarda il substrato, le Sarracenia prediligono terreni acidi e ben drenati, simili ai terreni delle paludi in cui crescono naturalmente. Un substrato ideale può essere composto da torba di sfagno, sabbia perlite e perlite in proporzione adeguata per garantire il drenaggio e la ritenzione dell'umidità. Evitare i terreni ricchi di sostanze nutritive, poiché le Sarracenia traggono i nutrienti principalmente dalle prede catturate.

L'umidità è un altro fattore cruciale per la crescita delle Sarracenia. Mantenere il terreno costantemente umido, ma non saturato, fornendo acqua di qualità come acqua piovana, distillata o demineralizzata. Evitare l'uso di acqua del rubinetto, che potrebbe contenere minerali o sostanze chimiche dannose per le piante.

Durante i mesi più caldi dell'anno, assicurarsi che le piante non si surriscaldino eccessivamente. In climi caldi, potrebbe essere necessario fornire ombreggiatura parziale nelle ore più calde del giorno per evitare che le foglie si brucino. L'uso di vasche d'acqua intorno alle piante può anche aiutare a mantenere un microclima fresco attorno alle radici.

Infine, è importante proteggere le Sarracenia dalle condizioni atmosferiche estreme, come gelo o temperature troppo elevate. Durante l'inverno, proteggere le piante dal gelo con coperture o spostarle in un luogo protetto, come una serra fredda.

Creare un ambiente ottimale per le Sarracenia garantirà che queste affascinanti piante carnivore crescano vigorosamente e producano le loro caratteristiche trombe colorate, fornendo un piacevole spettacolo e una soddisfazione per il coltivatore.

6. Gestione dell'umidità e dell'irrigazione

La gestione dell'umidità e dell'irrigazione è cruciale per il benessere delle Sarracenia, poiché queste piante hanno bisogno di un ambiente costantemente umido per prosperare. Tuttavia, è importante trovare un equilibrio tra un'eccessiva umidità e il rischio di ristagni d'acqua, che potrebbero portare a marciume radicale e altre malattie fungine.

Per mantenere un livello ottimale di umidità, è consigliabile utilizzare metodi di irrigazione che simulino le condizioni naturali delle paludi, dove le Sarracenia crescono spontaneamente. Una buona pratica consiste nell'innaffiare le piante dall'alto, imitando il cadere delle gocce di pioggia. Questo permette all'acqua di raggiungere uniformemente il terreno intorno alle radici senza creare ristagni.

L'irrigazione dovrebbe essere eseguita regolarmente, mantenendo il substrato costantemente umido senza mai farlo diventare acquitrinoso. Durante i periodi caldi e secchi, potrebbe essere necessario irrigare più frequentemente per evitare che il terreno si secchi troppo. Tuttavia, è importante evitare di innaffiare eccessivamente, poiché le radici delle Sarracenia possono marcire se rimangono troppo a lungo in acqua stagnante.

Una pratica comune per mantenere l'umidità intorno alle piante è quella di utilizzare vassoi o piatti riempiti con ghiaia o ciottoli, su cui vengono posizionati i vasi delle Sarracenia. Riempire questi vassoi con acqua permette all'umidità di evaporare lentamente, creando un microclima più umido intorno alle piante.

Durante i periodi di crescita attiva, come la primavera e l'estate, è consigliabile fornire una maggiore quantità di acqua, mentre durante i mesi più freddi dell'anno è possibile ridurre leggermente la frequenza di irrigazione.

Per quanto riguarda la qualità dell'acqua, è preferibile utilizzare acqua piovana, distillata o demineralizzata, poiché l'acqua del rubinetto potrebbe contenere sostanze chimiche dannose o minerali che potrebbero accumularsi nel terreno nel tempo.

Monitorare attentamente l'umidità del substrato e regolare di conseguenza la frequenza e la quantità di irrigazione può aiutare a mantenere le Sarracenia in salute e vigorose, garantendo una crescita ottimale e una prolifica produzione di trombe colorate.

7. Temperatura e condizioni ambientali ottimali

Per le Sarracenia, ottenere le condizioni ambientali ottimali è fondamentale per garantire una crescita sana e vigorosa. Queste piante sono native delle regioni paludose del Nord America, dove sono abituate a temperature moderate e a una forte umidità atmosferica. Ricreare queste condizioni nei nostri ambienti domestici può essere una sfida, ma è essenziale per il successo della coltivazione delle Sarracenia.

Le temperature ideali per le Sarracenia sono generalmente comprese tra i 18°C e i 25°C durante il giorno, mentre durante la notte possono scendere fino a 10-15°C. Durante i mesi invernali, molte varietà di Sarracenia beneficiano di un periodo di dormienza più fresco, con temperature notturne che possono scendere fino a 0°C. Tuttavia, è importante evitare temperature estreme sia troppo alte che troppo basse, poiché possono danneggiare le piante.

Per quanto riguarda le condizioni di luce, le Sarracenia preferiscono un'esposizione diretta alla luce solare. Posizionare le piante in un luogo dove ricevono almeno 6-8 ore di luce solare diretta al giorno è essenziale per una crescita ottimale. Le finestre orientate a sud o a ovest sono spesso le posizioni migliori per coltivare le Sarracenia all'interno, mentre all'aperto è preferibile posizionarle in un'area soleggiata del giardino.

Inoltre, è importante considerare anche la ventilazione dell'ambiente in cui crescono le Sarracenia. Anche se queste piante amano un'alta umidità, è fondamentale garantire una buona circolazione dell'aria per prevenire il rischio di muffe e malattie fungine.

Per mantenere le condizioni ambientali ottimali, potrebbe essere necessario utilizzare dispositivi come termoigrometri per monitorare la temperatura e l'umidità, e eventualmente utilizzare ventilatori o umidificatori per regolarle di conseguenza.

Fornire alle Sarracenia le condizioni ambientali adatte può richiedere un po' di sforzo in più rispetto ad altre piante da interno, ma è essenziale per garantire il loro benessere e una crescita rigogliosa nel lungo termine.

8. Fertilizzazione e alimentazione

La fertilizzazione e l'alimentazione delle Sarracenia sono aspetti cruciali della loro cura e coltivazione. Queste piante carnivore ottengono la maggior parte dei loro nutrienti attraverso la cattura e la digestione di insetti, ma in determinate circostanze possono beneficiare di un'integrazione con sostanze nutritive aggiuntive.

Quando le Sarracenia sono coltivate in vasi o contenitori, il terreno in cui sono piantate può gradualmente esaurire i nutrienti disponibili per le piante nel tempo. Inoltre, le piante possono consumare una quantità significativa di energia per digerire gli insetti catturati, e una fertilizzazione adeguata può aiutare a compensare questa perdita di energia.

La fertilizzazione delle Sarracenia deve essere fatta con cautela, poiché queste piante sono adattate a vivere in terreni poveri di nutrienti e possono essere danneggiate da un eccesso di sostanze nutritive. È importante utilizzare un fertilizzante specificamente formulato per piante carnivore o adatto a piante che crescono in terreni acidi e poveri di nutrienti.

Un metodo comune per fertilizzare le Sarracenia è quello di utilizzare insetti morti o una soluzione diluita di fertilizzante. Gli insetti vengono posti direttamente nei tubi delle foglie o sulla superficie del terreno vicino alle piante, dove verranno digeriti e assorbiti come fonte di nutrienti.

Se si utilizza un fertilizzante liquido, è consigliabile diluirlo a una concentrazione molto bassa, tipicamente intorno al 25% della dose raccomandata per altre piante. Questa soluzione può essere somministrata alle piante una volta al mese durante la stagione di crescita attiva, ma è importante interrompere la fertilizzazione durante i mesi invernali quando le piante sono in stato di dormienza.

Inoltre, è fondamentale prestare attenzione alla qualità dell'acqua utilizzata per irrigare le Sarracenia. L'acqua del rubinetto può contenere elevate concentrazioni di minerali che potrebbero essere dannose per queste piante. Se l'acqua del rubinetto è dura o contiene cloro, è consigliabile utilizzare acqua distillata o piovana per ridurre il rischio di danni alle radici.

9. Metodi di potatura e manutenzione

La potatura e la manutenzione delle Sarracenia sono pratiche importanti per garantire la salute e la vitalità di queste affascinanti piante carnivore. Sebbene le Sarracenia non richiedano una potatura regolare come alcune altre piante, ci sono alcune situazioni in cui la potatura può essere necessaria per promuovere una crescita più robusta e per mantenere le piante in buona forma.

Uno dei motivi principali per potare le Sarracenia è quello di rimuovere le foglie morte o danneggiate. Le foglie che diventano brune o secche possono essere tagliate alla base con un paio di forbici pulite e affilate. È importante rimuovere completamente la parte danneggiata della foglia per evitare il rischio di infezioni fungine o batteriche che potrebbero diffondersi alle parti sane della pianta.

Inoltre, la potatura può essere utilizzata per rimuovere le infiorescenze morte o deboli. Dopo che una Sarracenia ha fiorito, l'infiorescenza può diventare marrone e appassire. Rimuovere queste infiorescenze morte può incoraggiare la pianta a indirizzare la sua energia verso la produzione di nuove foglie e la crescita generale invece di concentrarsi sulla produzione di semi.

Alcuni coltivatori di piante carnivore praticano anche la potatura selettiva per promuovere una crescita più densa o per migliorare l'aspetto estetico della pianta. Questo può includere la rimozione delle foglie più vecchie o meno attraenti per far spazio a nuove foglie giovani e vigorose. Tuttavia, è importante esercitare cautela durante la potatura selettiva e non rimuovere troppe foglie in una sola volta, poiché potrebbe stressare la pianta.

Per quanto riguarda la manutenzione generale, le Sarracenia richiedono poche cure oltre alla potatura occasionale. È importante mantenere il terreno umido ma non completamente saturo d'acqua, in quanto le Sarracenia possono marcire se rimangono troppo a lungo in acqua stagnante. Inoltre, è consigliabile rimuovere eventuali detriti o insetti morti dalle foglie delle piante per evitare il rischio di muffe o marciume.

10. Problemi comuni di salute e relative soluzioni

I problemi di salute che possono colpire le Sarracenia possono essere vari e comprendono sia malattie fungine e batteriche che problematiche legate alle condizioni ambientali o alla gestione delle piante. È importante riconoscere tempestivamente i segni di eventuali disturbi per intervenire prontamente e preservare la salute delle piante.

Uno dei problemi più comuni che possono interessare le Sarracenia è l'attacco di parassiti come afidi, tripidi o ragnatele rosse. Questi insetti possono nutrirsi della linfa delle piante e indebolire la loro salute. Per combattere questi parassiti, è possibile utilizzare insetticidi specifici per piante carnivore o insetticidi naturali come l'olio di neem, che è efficace nel controllare afidi e tripidi senza danneggiare le piante.

Un'altra problematica comune è rappresentata dalle malattie fungine, tra cui la muffa grigia (Botrytis cinerea) e l'antracnosi (Colletotrichum spp.), che possono svilupparsi in condizioni di elevata umidità e scarsa ventilazione. Per prevenire queste malattie, è importante fornire un'adeguata ventilazione intorno alle piante e mantenere il terreno relativamente asciutto per evitare che l'umidità eccessiva favorisca lo sviluppo dei funghi.

Inoltre, le Sarracenia possono essere suscettibili a problemi legati alla qualità dell'acqua utilizzata per l'irrigazione. L'acqua troppo dura o contenente un'elevata concentrazione di sali minerali può causare danni alle radici e compromettere la salute delle piante. In questi casi, è consigliabile utilizzare acqua distillata o piovana per l'irrigazione, evitando l'uso di acqua del rubinetto.

Anche le condizioni ambientali estreme, come temperature troppo elevate o troppo basse, possono causare stress alle piante e comprometterne la salute. Durante i periodi di caldo intenso, è consigliabile proteggere le piante dal sole diretto e fornire un'adeguata ombreggiatura. Allo stesso modo, durante l'inverno, è importante proteggere le piante dal gelo e dalle gelate, magari portandole in luoghi più riparati o utilizzando coperture protettive.

In conclusione, identificare e risolvere tempestivamente i problemi di salute delle Sarracenia richiede una vigilanza costante e una buona comprensione delle esigenze specifiche di queste affascinanti piante carnivore. Monitorare regolarmente lo stato di salute delle piante e intervenire prontamente in caso di segni di malattia o stress ambientale è fondamentale per mantenerle in condizioni ottimali.

VI. Nepenthes: Le Piante da Vaso del Tropico

1. Anatomia delle Nepenthes: Struttura e Funzione dei Bicchieri

Le Nepenthes, comunemente conosciute come piante da vaso del tropico, presentano una struttura unica e affascinante, nota come "bicchieri" o ascidi. Questi appendici peculiari sono modificate per la cattura e la digestione delle prede, e costituiscono una parte essenziale della morfologia di queste piante carnivore. Esaminando da vicino la loro anatomia, possiamo apprezzare la complessità e l'efficacia di questo adattamento evolutivo.

I "bicchieri" delle Nepenthes sono strutture tubolari allungate, che possono variare notevolmente in dimensioni e forma a seconda della specie e delle condizioni ambientali. Sono composti da diversi strati di tessuti specializzati, ognuno dei quali svolge un ruolo specifico nel processo di cattura e digestione delle prede. La parte superiore del bicchiere è generalmente più ampia e aperta, mentre la parte inferiore si restringe formando un collo stretto che conduce alla camera digestiva.

La funzione principale dei bicchieri è quella di attirare, intrappolare e digerire insetti e altri piccoli organismi. Questo avviene attraverso un intricato insieme di caratteristiche anatomiche e processi fisiologici. Le pareti interne del bicchiere sono rivestite da una sottile pellicola cerosa, nota come peristoma, che impedisce alle prede di scivolare via una volta entrate. Inoltre, alcune specie di Nepenthes presentano ghiandole specializzate chiamate ghiandole peristomiali, che secernono sostanze viscide per aumentare l'adesione degli insetti.

Il fondo del bicchiere è riempito con un liquido digestivo altamente acido, noto come lisosoma. Questo fluido contiene enzimi proteolitici in grado di scomporre le proteine delle prede in sostanze nutritive che la pianta può assorbire attraverso le pareti del bicchiere. La formazione e il mantenimento di questa soluzione digerente rappresentano una componente essenziale della funzione dei bicchieri nelle Nepenthes.

Oltre alla loro funzione di cattura e digestione delle prede, i bicchieri delle Nepenthes svolgono anche un ruolo importante nel fornire nutrienti alla pianta. Le prede digerite forniscono una fonte supplementare di sostanze nutritive, in particolare azoto, che può essere limitato nei terreni in cui crescono queste piante. Pertanto, i bicchieri non solo consentono alle Nepenthes di sopravvivere in habitat poveri di nutrienti, ma possono anche contribuire al loro sviluppo e alla loro crescita vigorosa.

In sintesi, la struttura e la funzione dei bicchieri rappresentano un adattamento unico e altamente specializzato che consente alle Nepenthes di prosperare in habitat difficili e di integrare una dieta carnivora nella loro strategia di sopravvivenza. Comprendere questa anatomia complessa è fondamentale per coltivare con successo queste affascinanti piante carnivore e garantire il loro benessere ottimale.

2. Meccanismo di Cattura delle Prede nelle Nepenthes

Il meccanismo di cattura delle prede nelle Nepenthes è una straordinaria manifestazione di adattamento evolutivo che permette a queste piante di ottenere nutrienti vitali dai loro ambienti spesso nutrienti poveri. Le Nepenthes utilizzano i loro bicchieri, o ascidi, come intricati dispositivi di cattura, combinando una serie di caratteristiche anatomiche e fisiologiche per intrappolare e digerire le prede.

Innanzitutto, le Nepenthes attirano le prede attraverso un'apposita combinazione di colori, forme e secrezioni. Le parti superiori dei bicchieri possono essere di colori accattivanti, come il rosso, il verde o il viola, che fungono da segnali visivi per gli insetti in cerca di cibo. Inoltre, le ghiandole peristomiali posizionate intorno all'apertura del bicchiere secernono sostanze zuccherine che emettono un odore invitante, attirando gli insetti nella trappola.

Una volta che una preda si avvicina al bicchiere, si trova ad affrontare una serie di ostacoli progettati per impedirle di fuggire. Il peristoma, la struttura cerosa che circonda l'apertura del bicchiere, è spesso dentellato o ricurvo verso l'interno, rendendo difficile per l'insetto risalire. Inoltre, la superficie interna del bicchiere è spesso ricoperta da peli rivolti verso il basso, noti come peli ghiandolari, che impediscono alle prede di trovare una presa solida.

Una volta intrappolata all'interno del bicchiere, la preda può trovarsi in un ambiente ostile e pericoloso. Le pareti interne del bicchiere sono spesso ricoperte da una sostanza viscida prodotta da ghiandole specializzate, che impedisce alle prede di muoversi liberamente. Inoltre, la struttura del bicchiere è progettata in modo tale da rendere difficile per le prede trovare una via di fuga, con pareti lisce e un collo stretto che conduce alla camera digestiva.

Una volta intrappolata, la preda viene gradualmente digerita dai succhi digestivi prodotti dalle ghiandole presenti all'interno del bicchiere. Questi succhi contengono enzimi proteolitici in grado di scomporre le proteine del corpo della preda in sostanze nutritive che la pianta può assorbire attraverso le sue pareti. Questo processo di digestione può richiedere diversi giorni a seconda delle dimensioni e del tipo di preda.

In conclusione, il meccanismo di cattura delle prede nelle Nepenthes è un intricato processo che sfrutta una combinazione di attrazione visiva, chimica e fisica per intrappolare e digerire le prede. Comprendere questo processo è essenziale per coltivare con successo queste straordinarie piante carnivore e garantirne il benessere ottimale.

3. Esigenze di Coltivazione delle Nepenthes: Terreno, Luce e Umidità

Le Nepenthes, con le loro esigenze specifiche, richiedono cure mirate per garantirne una crescita ottimale e la produzione di bicchieri sani e funzionali. Iniziamo con il terreno: queste piante prediligono un substrato leggero, ben drenato e acido. Una miscela comune comprende torba di sfagno, perlite, vermiculite e pezzi di corteccia di pino, che assicura un buon drenaggio e un ambiente radicale aerato. È fondamentale evitare terreni troppo compatti o ricchi di nutrienti, poiché ciò potrebbe compromettere la salute delle piante e causare marciume radicale.

Per quanto riguarda l'esposizione alla luce, le Nepenthes prosperano in condizioni luminose ma indirette. Posizionare le piante in una finestra orientata a est o a ovest può fornire la quantità ideale di luce diffusa senza esporle ai raggi diretti del sole, che potrebbero causare scottature sulle foglie. L'illuminazione artificiale tramite lampade fluorescenti o a LED può essere utilizzata per integrare la luce naturale, specialmente in ambienti interni con scarsa luminosità.

L'umidità è un altro aspetto cruciale per la coltivazione delle Nepenthes. Queste piante provengono da ambienti tropicali umidi e apprezzano quindi elevati livelli di umidità relativa, preferibilmente intorno al 50-60% o anche più alti. Nei climi più aridi o durante i periodi invernali, è consigliabile utilizzare umidificatori per mantenere un'atmosfera adatta. Inoltre, è possibile creare microambienti più umidi intorno alle piante posizionando vassoi con ciottoli e acqua sotto i vasi o utilizzando terrari per mantenerle in un ambiente umido e protetto.

In sintesi, la coltivazione delle Nepenthes richiede un substrato ben drenato, una buona esposizione alla luce diffusa e alti livelli di umidità. Fornire queste condizioni ottimali favorirà la crescita vigorosa delle piante e la produzione di bicchieri sani e funzionali, permettendo agli appassionati di piante carnivore di godere appieno della bellezza e della peculiarità di queste straordinarie predatrici.

4. Riproduzione e Propagazione delle Nepenthes

La riproduzione e la propagazione delle Nepenthes possono essere affascinanti e gratificanti per gli appassionati di piante carnivore. Esistono diversi metodi per moltiplicare queste piante, ognuno con le proprie sfide e vantaggi.

Il metodo più comune è la propagazione per talea, che coinvolge il prelievo di una sezione di stelo con almeno un nodo (dove possono crescere nuove radici) e una foglia o un piccolo bicchiere. La talea viene quindi piantata in un substrato umido e posto in un ambiente caldo e umido per favorire lo sviluppo delle radici. È importante mantenere la talea in un'atmosfera umida costante per evitare la disidratazione e promuovere la crescita radicale.

Un altro metodo di propagazione è la divisione dei rizomi, che può essere eseguita su specie che producono numerosi rizomi laterali. Durante il rinvaso, è possibile separare con attenzione i rizomi in porzioni individuali, assicurandosi che ciascuna sezione abbia almeno una corona vegetativa e alcune radici. Le nuove divisioni possono quindi essere trapiantate in vasi separati e mantenute in condizioni di umidità elevate per favorire il radicamento.

Le Nepenthes possono anche essere propagate per seme, sebbene questo metodo richieda più tempo e pazienza. I semi vengono raccolti dai baccelli maturi e posti su un substrato umido e ben drenato. Dato che i semi di Nepenthes possono essere soggetti a un periodo di dormienza, è consigliabile sottoporli a un trattamento di stratificazione a freddo per un paio di settimane prima di seminare. Una volta germinati, i semi richiedono cure delicate e regolari fino a quando le piante raggiungono una dimensione sufficiente per essere trapiantate.

Indipendentemente dal metodo scelto, è importante fornire alle piante giovani un ambiente caldo, umido e luminoso per favorire una crescita sana e robusta. Con cura e pazienza, gli appassionati possono godere della soddisfazione di vedere le loro Nepenthes crescere e prosperare, aggiungendo bellezza e fascino al loro giardino o alla loro collezione di piante carnivore.

5. Gestione dell'Irrigazione e dell'Umidità per le Nepenthes

La gestione dell'irrigazione e dell'umidità è cruciale per il benessere delle Nepenthes, poiché queste piante sono originarie di habitat tropicali umidi e richiedono un ambiente costantemente umido per crescere e prosperare. Tuttavia, è importante trovare un equilibrio tra un'irrigazione adeguata e un'eccessiva umidità che potrebbe favorire lo sviluppo di muffe e marciume radicale.

Per mantenere il substrato umido senza provocare ristagni d'acqua, molti coltivatori preferiscono utilizzare metodi di irrigazione dal basso, come il sottovaso o il vaso con riserva d'acqua. Questi metodi consentono alle piante di assorbire l'acqua di cui hanno bisogno attraverso i loro sistemi radicale senza lasciare che il substrato diventi eccessivamente bagnato. È importante monitorare attentamente l'umidità del substrato e evitare di lasciarlo completamente asciugare tra un'irrigazione e l'altra.

Per quanto riguarda l'umidità ambientale, le Nepenthes beneficiano di un'atmosfera umida, simile a quella che si trova nei loro habitat naturali. Questo può essere ottenuto posizionando le piante su un vassoio riempito d'acqua con ciottoli o ghiaia per aumentare l'umidità circostante. Inoltre, l'uso di umidificatori in ambienti chiusi può aiutare a mantenere livelli di umidità ottimali, specialmente durante i mesi più secchi o in inverno quando il riscaldamento domestico può ridurre l'umidità dell'aria.

È importante evitare di bagnare le foglie delle Nepenthes durante l'irrigazione, poiché l'acqua stagnante nelle tazze dei boccioli potrebbe diluire i fluidi digestivi e compromettere la capacità delle piante di catturare e digerire le prede. Inoltre, l'umidità eccessiva sulle foglie può favorire lo sviluppo di muffe e funghi dannosi. Pertanto, è consigliabile innaffiare con attenzione alla base delle piante, evitando di bagnare le foglie e le trappole.

In sintesi, una corretta gestione dell'irrigazione e dell'umidità è essenziale per mantenere in salute le Nepenthes. Monitorare attentamente l'umidità del substrato e dell'aria circostante, insieme a una pratica di irrigazione accurata, contribuirà a garantire che le piante ricevano l'acqua di cui hanno bisogno senza incorrere in problemi legati all'umidità eccessiva o alla secchezza.

6. Temperatura e Condizioni Ambientali Ottimali per le Nepenthes

Per garantire una crescita ottimale delle Nepenthes, è fondamentale fornire loro le giuste condizioni ambientali, tra cui una temperatura adeguata e un ambiente ben ventilato. Queste piante tropicali prosperano in ambienti caldi e umidi, simili alle loro foreste pluviali native, e quindi è essenziale ricreare tali condizioni nell'ambiente di coltivazione domestica.

La temperatura ideale per le Nepenthes si aggira generalmente tra i 20°C e i 30°C durante il giorno, con una leggera riduzione durante la notte, ma molte varietà possono tollerare temperature leggermente più alte o più basse. Tuttavia, è importante evitare sbalzi termici e temperature estreme, poiché possono stressare le piante e compromettere la loro salute. Durante i mesi invernali o in ambienti più freddi, è consigliabile proteggere le Nepenthes da correnti d'aria fredde e posizionarle in luoghi più caldi, come vicino a una fonte di calore domestica o utilizzando tappeti riscaldanti.

Inoltre, è essenziale fornire un'adeguata ventilazione per prevenire l'accumulo di calore e umidità e ridurre il rischio di muffe e malattie fungine. Le Nepenthes beneficiano di una leggera brezza e di una buona circolazione dell'aria intorno alle loro foglie e trappole. Questo può essere ottenuto posizionando le piante in ambienti ben ventilati o utilizzando ventilatori a bassa velocità per simulare una leggera brezza.

Per monitorare accuratamente le condizioni ambientali, è consigliabile utilizzare termometri e igrometri per verificare regolarmente la temperatura e l'umidità nell'area di coltivazione delle Nepenthes. Regolare la posizione delle piante e fornire eventualmente riscaldamento supplementare o umidificazione può aiutare a mantenere condizioni ottimali per la crescita e la salute delle Nepenthes durante tutto l'anno.

In sintesi, fornire alle Nepenthes temperature e condizioni ambientali ottimali è essenziale per garantire la loro salute e prosperità. Mantenere una temperatura stabile, evitare sbalzi termici e fornire una buona ventilazione sono fondamentali per coltivare con successo queste affascinanti piante carnivore.

7. Fertilizzazione e Alimentazione delle Nepenthes

La fertilizzazione e l'alimentazione delle Nepenthes sono aspetti cruciali della loro cura e coltivazione, poiché queste piante carnivore dipendono in gran parte dai nutrienti derivanti dalle prede catturate nelle loro trappole per crescere e prosperare. Sebbene le Nepenthes siano capaci di trarre nutrienti dal terreno in cui sono coltivate, spesso richiedono un'ulteriore integrazione con fertilizzanti per garantire una nutrizione completa e ottimale.

Una delle principali fonti di nutrienti per le Nepenthes sono gli insetti e altri piccoli organismi catturati nelle loro trappole. Tuttavia, in coltivazione domestica, le piante possono avere accesso limitato a queste fonti di cibo, specialmente se mantenute in ambienti chiusi. Di conseguenza, molti coltivatori integrano la dieta delle loro Nepenthes con alimenti aggiuntivi, come insetti morti o siero di latte diluito.

Gli insetti morti, come mosche, moscerini della frutta e bruchi, possono essere offerti alle Nepenthes manualmente, inserendoli delicatamente nelle loro trappole. Tuttavia, è importante non sovraccaricare le trappole con troppi insetti, poiché questo potrebbe causare la decomposizione e la formazione di muffe all'interno delle trappole stesse.

Il siero di latte diluito è un altro alimento popolare per le Nepenthes. Questo liquido è ricco di nutrienti essenziali come proteine, zuccheri e minerali, che possono contribuire alla salute e alla crescita delle piante. Per preparare una soluzione di siero di latte, è sufficiente mescolare una parte di siero di latte con due o tre parti di acqua distillata e utilizzarla per innaffiare le piante.

In alternativa, alcuni coltivatori utilizzano fertilizzanti liquidi appositamente formulati per piante carnivore, che forniscono una gamma completa di nutrienti essenziali in una forma facilmente assimilabile. Questi fertilizzanti vengono diluiti secondo le istruzioni del produttore e applicati alle Nepenthes durante l'irrigazione regolare.

Indipendentemente dalla fonte di nutrienti scelta, è importante evitare sovraffollamenti delle trappole e l'eccessiva fertilizzazione, poiché ciò potrebbe danneggiare le radici sensibili delle Nepenthes e compromettere la loro salute complessiva. Monitorare attentamente la risposta delle piante alla fertilizzazione e regolare di conseguenza le pratiche di alimentazione può aiutare a garantire una crescita sana e vigorosa nel tempo.

In conclusione, la fertilizzazione e l'alimentazione sono fondamentali per mantenere la salute e la vitalità delle Nepenthes in coltivazione domestica. Offrire una dieta bilanciata e integrare eventualmente con fertilizzanti può aiutare a soddisfare le esigenze nutrizionali di queste affascinanti piante carnivore e favorire una crescita rigogliosa.

8. Potatura e Manutenzione delle Nepenthes: Consigli Pratici

La potatura e la manutenzione delle Nepenthes sono pratiche importanti per garantire una crescita sana e vigorosa e per mantenere le piante nella loro migliore forma. Sebbene le Nepenthes non richiedano una potatura regolare come molte piante ornamentali, ci sono alcune situazioni in cui la potatura può essere necessaria per mantenere la pianta in salute e promuovere una crescita equilibrata.

Una delle principali ragioni per potare le Nepenthes è per rimuovere le foglie morte o danneggiate. Le foglie che sono diventate brune o secche possono diventare un terreno fertile per muffe e malattie fungine, quindi è importante rimuoverle prontamente per prevenire la diffusione di eventuali patogeni alle altre parti della pianta. Utilizzando forbici pulite e affilate, è possibile tagliare delicatamente le foglie danneggiate alla base del picciolo, facendo attenzione a non danneggiare ulteriormente la pianta.

Inoltre, la potatura può essere utile per gestire la dimensione e la forma della pianta. Se una Nepenthes sta diventando troppo grande o sta crescendo in modo disordinato, è possibile tagliare con cura i suoi vistosi steli o tralci per incoraggiare una crescita più compatta e uniforme. Questa pratica può essere particolarmente utile nelle varietà rampicanti di Nepenthes, che tendono a sviluppare steli lunghi e sottili che possono diventare disordinati se non vengono potati regolarmente.

Quando si pota una Nepenthes, è importante utilizzare utensili ben puliti e affilati per evitare di danneggiare la pianta. Prima di iniziare la potatura, è consigliabile sterilizzare le forbici o le cesoie immergendole in alcool o in una soluzione disinfettante per alcuni minuti e lasciandole asciugare completamente. Questo aiuterà a prevenire la trasmissione di eventuali malattie o patogeni alle piante durante il processo di potatura.

Oltre alla potatura, la manutenzione regolare delle Nepenthes comprende la rimozione dei detriti e dei resti di prede dalle loro trappole. Questo può essere fatto delicatamente utilizzando delle pinzette per rimuovere gli insetti morti o in decomposizione che potrebbero ostruire le trappole e impedire alle piante di catturare nuove prede. Mantenere pulite le trappole delle Nepenthes può contribuire a prevenire l'accumulo di muffe e batteri e mantenere le piante in salute nel lungo periodo.

In conclusione, la potatura e la manutenzione regolare sono pratiche importanti per garantire la salute e la bellezza delle Nepenthes in coltivazione domestica. Con le giuste tecniche e attenzioni, è possibile mantenere queste straordinarie piante carnivore in ottima forma e godere della loro bellezza per molti anni a venire.

9. Ambienti Ideali per la Crescita delle Nepenthes: Interni ed Esterni

Le Nepenthes sono piante carnivore straordinarie che prosperano in una vasta gamma di ambienti, sia all'interno che all'esterno. Tuttavia, per garantire la loro crescita ottimale, è importante fornire loro le condizioni ambientali adatte, tenendo conto di fattori come la luce, l'umidità, la temperatura e la ventilazione.

Per quanto riguarda la luce, le Nepenthes preferiscono una luminosità diffusa e indiretta. Se coltivate all'interno, posizionate le piante in prossimità di una finestra orientata a est o a ovest, dove possono ricevere luce solare filtrata durante la maggior parte della giornata. Evitate la luce solare diretta intensa, che potrebbe causare scottature alle foglie. All'esterno, le Nepenthes si trovano meglio in luoghi parzialmente ombreggiati, dove possono beneficiare della luce solare indiretta e della protezione dalle temperature eccessivamente calde.

Per quanto riguarda l'umidità, le Nepenthes provengono da habitat tropicali umidi e richiedono un'alta umidità ambientale per prosperare. Per mantenere un'adeguata umidità intorno alle piante, è possibile utilizzare vassoi riempiti con ciottoli e acqua, nebulizzatori o umidificatori. Inoltre, assicuratevi che le piante siano ben drenate e non ristagnino in acqua, poiché l'acqua stagnante può favorire lo sviluppo di muffe e malattie.

La temperatura è un altro fattore chiave da considerare nella coltivazione delle Nepenthes. Queste piante preferiscono temperature moderate, comprese tra i 18°C e i 30°C durante il giorno e leggermente più fresche durante la notte. Evitate temperature estreme e sbalzi improvvisi, che potrebbero stressare le piante e comprometterne la salute. In ambienti domestici, assicuratevi di posizionare le piante lontano da fonti di calore come termosifoni o stufe.

Infine, la ventilazione è importante per garantire una buona circolazione dell'aria intorno alle piante e prevenire l'accumulo di umidità eccessiva. Assicuratevi che le piante siano posizionate in un luogo ben ventilato, con un flusso d'aria sufficiente per evitare il ristagno dell'umidità e favorire lo scambio gassoso attraverso le foglie.

In sintesi, creare un ambiente ideale per la crescita delle Nepenthes richiede attenzione ai dettagli e una buona comprensione delle loro esigenze. Fornendo loro la giusta combinazione di luce diffusa, umidità adeguata, temperatura moderata e ventilazione sufficiente, è possibile garantire che queste straordinarie piante carnivore prosperino e fioriscano nel vostro ambiente domestico o nel vostro giardino.

10. Problemi Comuni di Salute e Relative Soluzioni per le Nepenthes

Quando si coltivano Nepenthes, è possibile incontrare una serie di problemi di salute che possono compromettere la crescita e la vitalità delle piante. È importante essere consapevoli di questi problemi e sapere come affrontarli efficacemente per garantire che le vostre Nepenthes rimangano in salute e prosperino.

Uno dei problemi più comuni è l'infestazione da parassiti, come afidi, acari e cocciniglie. Questi insetti possono danneggiare le foglie e le trappole delle Nepenthes, riducendo la loro capacità di catturare prede e compromettendo la loro salute generale. Per combattere gli insetti, è possibile utilizzare insetticidi naturali a base di oli vegetali o insetticidi specifici per piante carnivore, seguendo attentamente le istruzioni sull'etichetta e evitando di danneggiare le piante con dosaggi eccessivi.

Un altro problema comune è l'eccessiva esposizione alle temperature estreme, sia calde che fredde. Le Nepenthes possono essere danneggiate da temperature troppo alte o troppo basse, che possono causare il disseccamento delle foglie, il collasso delle trappole o addirittura la morte della pianta. Per proteggere le piante dalle temperature estreme, assicuratevi di collocarle in un luogo con temperature moderate e di fornire una protezione aggiuntiva durante l'estate o l'inverno, se necessario.

La muffa e le malattie fungine sono un'altra preoccupazione per i coltivatori di Nepenthes. L'umidità eccessiva può favorire lo sviluppo di muffe come la muffa grigia o la muffa bianca sulle foglie e nelle trappole. Per prevenire la formazione di muffa, assicuratevi di mantenere un'adeguata circolazione d'aria intorno alle piante e di evitare il ristagno dell'acqua nelle trappole. Se notate segni di muffa, rimuovetela delicatamente con un batuffolo di cotone imbevuto di alcool isopropilico.

Infine, è importante prestare attenzione alla nutrizione delle Nepenthes. Una carenza di nutrienti essenziali come azoto, fosforo o potassio può compromettere la crescita e la vitalità delle piante. Per prevenire carenze nutritive, fornite regolarmente alle piante un fertilizzante specifico per piante carnivore diluito nella concentrazione raccomandata. Evitate l'uso di fertilizzanti troppo concentrati o a rilascio lento, che potrebbero bruciare le radici delle piante.

Affrontando questi problemi comuni con prontezza e attenzione, è possibile mantenere le vostre Nepenthes in salute e vitali, consentendo loro di esprimere pienamente il loro potenziale come straordinarie piante carnivore.

VII. Pinguicula: Le Piante Grasse Cattura-insetti

1. Anatomia delle Pinguicula: Foglie e Ghiandole Appiccicose

Le Pinguicula, affascinanti piante carnivore spesso denominate "piante grasso-cattura insetti", presentano una complessa struttura fogliare, altamente specializzata per la cattura e la digestione delle loro prede.

Esaminando attentamente le foglie di queste piante, si osserva una varietà sorprendente di adattamenti morfologici che si sono evoluti per ottimizzare la cattura degli insetti e l'assorbimento dei nutrienti. Le foglie, solitamente di forma rotonda o ovale, mostrano una disposizione regolare delle ghiandole mucillaginose sulla loro superficie superiore.

Queste ghiandole, contenenti un muco appiccicoso, costituiscono il principale strumento per l'attrazione e la cattura degli insetti. Una volta intrappolati, gli insetti vengono gradualmente digeriti dagli enzimi presenti nel muco, fornendo alle Pinguicula una fonte essenziale di nutrienti, soprattutto in ambienti dove il suolo è scarsamente dotato di sostanze nutritive.

L'anatomia delle foglie e delle ghiandole delle Pinguicula rappresenta un esempio straordinario di adattamento evolutivo, plasmato dall'incessante processo di selezione naturale, che ha permesso a queste piante di prosperare in ambienti spesso ostili.

2. Processo di Cattura delle Prede nelle Pinguicula

Il processo attraverso il quale le Pinguicula catturano le loro prede è un'affascinante opera di ingegneria naturale, sottolineando la sofisticata adattabilità delle piante carnivore. Questo meccanismo intricato inizia con le foglie, che sono le principali protagoniste di questa funzione. Sulla parte superiore delle foglie, ci sono ghiandole mucillaginose, piccole e intricate, che svolgono un ruolo vitale nella cattura delle prede. Queste ghiandole producono una sostanza appiccicosa, nota come muco mucillaginoso, che funge da trappola per gli insetti.

Quando un insetto atterra sulla foglia della Pinguicula, viene istantaneamente intrappolato dal muco appiccicoso. Questo muco è composto da una complessa combinazione di mucillagini e altre sostanze chimiche, creando una presa efficace sull'insetto che gli impedisce di liberarsi. Una volta intrappolato, l'insetto è destinato a diventare una fonte di nutrienti per la pianta.

Le ghiandole secernono enzimi digestivi che iniziano il processo di decomposizione dell'insetto intrappolato. Questo processo di digestione è essenziale per trasformare l'insetto in una forma di nutrienti che la pianta può assorbire. L'assimilazione delle sostanze nutritive provenienti dalle prede catturate permette alla Pinguicula di sopravvivere in habitat dove il suolo è povero di nutrienti, come torbiere e aree umide.

In conclusione, il processo di cattura delle prede nelle Pinguicula rappresenta un adattamento evolutivo eccezionale, consentendo a queste piante carnivore di ottenere i nutrienti necessari per la loro crescita e il loro sviluppo in ambienti estremamente ostili.

3. Terreno e Sustrato Ideali per la Coltivazione

La scelta del terreno e del substrato è cruciale per il successo della coltivazione delle Pinguicula. Queste piante carnivore hanno esigenze specifiche che devono essere soddisfatte per garantire una crescita ottimale e una salute vigorosa.

Idealmente, il terreno per le Pinguicula dovrebbe essere acido e ben drenato. Queste piante prosperano in terreni torbosi o in miscele di substrato che ricreano le condizioni naturali delle loro aree native. Un substrato appropriato potrebbe includere torba di sfagno, perlite, vermiculite e sabbia di quarzo. La torba di sfagno fornisce una buona ritenzione dell'umidità, mentre la perlite e la vermiculite migliorano il drenaggio, impedendo il ristagno dell'acqua che potrebbe portare al marciume delle radici.

È importante evitare l'uso di terreni arricchiti con fertilizzanti o composti organici ad alto contenuto di nutrienti. Le Pinguicula sono piante che si sono adattate a vivere in suoli poveri di nutrienti eccessivi, e l'eccesso di sostanze nutritive potrebbe danneggiarle anziché favorirne la crescita.

Inoltre, assicurarsi che il substrato sia leggermente umido ma non troppo bagnato. Le Pinguicula apprezzano un ambiente umido, ma il ristagno dell'acqua intorno alle radici può portare al marciume radicale e alla morte della pianta. Mantenere un equilibrio delicato tra umidità e drenaggio è fondamentale per il successo della coltivazione.

Nella selezione del substrato, è anche importante considerare il tipo di Pinguicula che si desidera coltivare, poiché alcune specie possono avere esigenze leggermente diverse rispetto ad altre. Ad esempio, le specie tropicali potrebbero richiedere un substrato leggermente diverso rispetto alle specie native di climi temperati.

In conclusione, la scelta del terreno e del substrato per le Pinguicula è un passo fondamentale nella creazione di un ambiente di crescita ottimale per queste affascinanti piante carnivore.

4. Esigenze di Luce e Illuminazione Specifiche

Le esigenze di luce e illuminazione per le Pinguicula variano a seconda delle specie e dell'habitat di provenienza. Tuttavia, la maggior parte delle Pinguicula richiede una quantità significativa di luce per crescere e prosperare.

Nelle loro aree native, le Pinguicula si trovano spesso in habitat aperti e soleggiati, dove ricevono molta luce solare diretta. Di conseguenza, in coltivazione, è importante fornire loro una quantità adeguata di luce solare per stimolare la fotosintesi e favorire una crescita sana.

Le Pinguicula coltivate all'interno possono essere posizionate vicino a finestre luminose o sotto luci artificiali appositamente progettate per piante. Le finestre rivolte a sud o a ovest sono spesso le migliori, poiché ricevono più ore di luce solare diretta durante il giorno. Tuttavia, è importante evitare che le piante vengano esposte a temperature eccessivamente elevate o a lunghe ore di luce diretta durante i mesi estivi, poiché potrebbe causare scottature sulle foglie.

Le luci artificiali, come le lampade a LED o a fluorescenza, possono essere utilizzate per fornire illuminazione supplementare quando la luce solare diretta è limitata. Queste luci possono essere posizionate a una distanza appropriata dalle piante per fornire un'illuminazione uniforme e garantire che tutte le parti della pianta ricevano la quantità di luce necessaria per la fotosintesi.

Per quanto riguarda la durata dell'illuminazione, le Pinguicula possono beneficiare di un fotoperiodo di 12-14 ore di luce al giorno durante la stagione di crescita attiva. Durante i mesi invernali o durante il periodo di riposo, è consigliabile ridurre gradualmente la durata dell'illuminazione per simulare le condizioni stagionali naturali e favorire una corretta crescita e fioritura.

In conclusione, fornire alle Pinguicula la giusta quantità di luce e illuminazione è fondamentale per il loro benessere e la loro salute generale.

5. Gestione dell'Umidità e dell'Irrigazione

La gestione dell'umidità e dell'irrigazione è cruciale per il benessere delle Pinguicula, poiché queste piante dipendono da un ambiente adeguatamente umido per sopravvivere e prosperare. Tuttavia, è importante trovare un equilibrio tra l'umidità necessaria e il rischio di eccessiva umidità, che potrebbe favorire lo sviluppo di muffe e marciumi radicale.

Per mantenere un livello ottimale di umidità, è consigliabile coltivare le Pinguicula in vasi con un substrato poroso e ben drenato, che consenta all'acqua in eccesso di drenare rapidamente via. Un substrato comune può essere composto da una miscela di torba, perlite e sabbia, che offre un buon equilibrio tra ritenzione idrica e drenaggio.

Quando si tratta di irrigazione, è preferibile utilizzare acqua distillata, demineralizzata o piovana, poiché l'acqua del rubinetto può contenere elevate concentrazioni di minerali che potrebbero danneggiare le radici sensibili delle Pinguicula. È importante mantenere il substrato costantemente umido, ma non completamente saturo d'acqua. In generale, è meglio innaffiare le piante dal basso, versando acqua nel sottovaso e consentendo alle radici di assorbire l'umidità di cui hanno bisogno.

Inoltre, è consigliabile mantenere un livello di umidità relativa dell'aria intorno alle piante tra il 50% e il 60%. Questo può essere raggiunto posizionando una vaschetta con acqua vicino alle piante o utilizzando un umidificatore nell'ambiente circostante.

Durante i periodi di crescita attiva, è importante monitorare attentamente il livello di umidità e regolare l'irrigazione di conseguenza. Durante i periodi di riposo invernale, è consigliabile ridurre leggermente la frequenza e la quantità di irrigazione per evitare che le piante marciscano.

Inoltre, è fondamentale evitare che le foglie delle Pinguicula vengano bagnate durante l'irrigazione, poiché l'acqua stagnante sulle foglie può favorire lo sviluppo di muffe e malattie fungine. Se le foglie sono bagnate, è consigliabile asciugarle delicatamente con un tovagliolo di carta per prevenire problemi futuri.

In sintesi, una corretta gestione dell'umidità e dell'irrigazione è essenziale per la salute e il successo nella coltivazione delle Pinguicula.

6. Temperatura e Condizioni Ambientali Ottimali

Le Pinguicula prosperano in una vasta gamma di temperature, tuttavia, è importante fornire loro condizioni ambientali ottimali per garantire una crescita sana e vigorosa. In generale, queste piante preferiscono temperature moderate durante il giorno e lievemente più fresche durante la notte, riflettendo il loro habitat naturale nelle regioni temperate e subtropicali.

Durante i mesi estivi, è consigliabile mantenere le Pinguicula in un ambiente con temperature comprese tra i 20°C e i 30°C durante il giorno. Durante la notte, è preferibile che le temperature scendano leggermente, mantenendosi intorno ai 15°C - 20°C. È importante evitare temperature eccessivamente elevate, poiché possono causare stress termico e danneggiare le piante.

Durante i mesi invernali, molte varietà di Pinguicula vanno in dormienza e richiedono condizioni leggermente diverse. Durante questo periodo, è consigliabile mantenere le temperature intorno ai 10°C - 15°C durante il giorno e tra i 5°C - 10°C durante la notte. Queste condizioni fresche aiuteranno a stimolare la dormienza e preparare le piante per una nuova stagione di crescita in primavera.

Oltre alla temperatura, è importante anche considerare altri fattori ambientali come l'umidità e la ventilazione. Le Pinguicula preferiscono un'umidità relativa dell'aria moderata, compresa tra il 50% e il 70%. È possibile mantenere un livello ottimale di umidità posizionando le piante su un vassoio con ghiaia umida o utilizzando un umidificatore nell'ambiente circostante.

Inoltre, una buona ventilazione è essenziale per prevenire il ristagno dell'aria intorno alle piante e prevenire l'insorgenza di muffe e malattie. Assicurarsi che le piante siano posizionate in un luogo ben ventilato e evitare l'accumulo di umidità eccessiva intorno a loro.

In conclusione, fornire temperature e condizioni ambientali ottimali è fondamentale per garantire il successo nella coltivazione delle Pinguicula e favorire una crescita sana e vigorosa.

7. Fertilizzazione e Alimentazione delle Pinguicula

La fertilizzazione delle Pinguicula è un argomento delicato e richiede una comprensione approfondita delle esigenze nutrizionali di queste piante carnivore. Contrariamente a molte altre piante, le Pinguicula ottengono gran parte dei loro nutrienti non dalle radici, ma attraverso le foglie, che agiscono come trappole per gli insetti. Tuttavia, ci sono alcune considerazioni importanti da tenere a mente quando si tratta di fertilizzazione e alimentazione delle Pinguicula.

In primo luogo, è importante sottolineare che le Pinguicula non richiedono fertilizzanti tradizionali come azoto, fosforo e potassio. Queste piante sono adattate a vivere in terreni poveri di nutrienti e traggono la maggior parte delle loro sostanze nutritive dagli insetti catturati sulle loro foglie adesive. L'applicazione eccessiva di fertilizzanti può danneggiare le foglie delicate e compromettere la capacità della pianta di catturare prede.

Tuttavia, è possibile integrare l'alimentazione delle Pinguicula fornendo loro occasionalmente insetti vivi o morti. Gli insetti vivi, come moscerini della frutta o moscerini delle zanzare, possono essere posizionati direttamente sulle foglie delle piante. È importante evitare di sovraccaricare le foglie con un numero eccessivo di insetti, poiché questo potrebbe causare danni alle foglie stesse o attrarre altri insetti indesiderati.

Se si preferisce alimentare le Pinguicula con insetti morti, è possibile utilizzare insetti come moscerini, formiche o piccole mosche. Gli insetti morti possono essere posizionati con delicatezza sulle foglie della pianta e lasciati lì per essere digeriti. È importante rimuovere eventuali insetti non consumati dopo alcuni giorni per evitare la decomposizione e la formazione di muffe.

In conclusione, sebbene le Pinguicula non richiedano fertilizzanti tradizionali, è possibile integrare la loro alimentazione fornendo loro insetti vivi o morti. Tuttavia, è importante farlo con moderazione e precauzione per evitare danni alla pianta.

8. Propagazione e Riproduzione delle Piante Grasse Cattura-insetti

La propagazione delle piante grasse cattura-insetti, come le Pinguicula, può essere un modo gratificante per aumentare il numero di piante nel tuo giardino carnivoro. Esistono diversi metodi di propagazione che possono essere utilizzati con successo per ottenere nuove piante sane e robuste.

Uno dei metodi più comuni per propagare le Pinguicula è attraverso talee fogliari. Questo metodo prevede il prelievo di foglie sane e mature dalla pianta madre e il loro impianto in un substrato appropriato. È importante selezionare foglie senza danni o malattie evidenti e assicurarsi che siano ben sviluppate. Le foglie possono essere posizionate su un substrato umido e leggermente compresso, mantenuto umido ma non eccessivamente bagnato. Dopo qualche settimana, le radici inizieranno a svilupparsi dalla base delle foglie e una nuova pianta comincerà a crescere.

Un altro metodo di propagazione delle Pinguicula è attraverso la divisione delle piante mature. Questo metodo prevede la separazione di una pianta madre in più parti, ognuna delle quali può essere piantata per creare una nuova pianta. È importante utilizzare un coltello affilato e sterilizzato per dividere la pianta in modo da evitare danni e infezioni. Le divisioni possono quindi essere piantate in vasi separati e trattate come piante adulte.

Inoltre, le Pinguicula possono essere propagate anche attraverso la semina dei semi. Questo metodo è più lungo e richiede pazienza, ma può produrre risultati gratificanti. I semi delle Pinguicula possono essere seminati su un substrato adatto e mantenuti umidi e in condizioni di luce diffusa. È importante proteggere i semi da eccessiva umidità e da temperature estreme durante il processo di germinazione.

In conclusione, ci sono diversi metodi efficaci per propagare le piante grasse cattura-insetti come le Pinguicula. Sia che si scelga di utilizzare talee fogliari, divisioni di piante mature o la semina dei semi, è importante seguire attentamente le istruzioni e fornire alle piante le condizioni ottimali per una crescita sana.

9. Potatura e Manutenzione delle Pinguicula: Consigli Pratici

La potatura e la manutenzione regolari sono essenziali per garantire la salute e la vitalità delle Pinguicula nel tuo giardino carnivoro. Seguire alcuni semplici consigli pratici può aiutarti a mantenere le tue piante in condizioni ottimali e favorire una crescita rigogliosa.

Innanzi tutto, è importante rimuovere regolarmente le foglie morte o danneggiate dalle Pinguicula. Questo può essere fatto con delicatezza, utilizzando delle forbici o un coltello affilato per tagliare le foglie danneggiate il più vicino possibile alla base della pianta. Rimuovere le foglie malate o morte può prevenire la diffusione di malattie e permettere alla pianta di concentrare le proprie energie sulla produzione di nuove foglie sane.

Inoltre, è consigliabile mantenere pulite le foglie delle Pinguicula per garantire un'adeguata fotosintesi e una buona salute generale della pianta. Le foglie possono essere pulite delicatamente con un batuffolo di cotone imbevuto di acqua distillata o demineralizzata per rimuovere polvere, detriti e insetti morti. Evitare l'uso di detergenti o sostanze chimiche aggressive che potrebbero danneggiare le foglie sensibili delle Pinguicula.

Un'altra pratica importante è quella di controllare regolarmente le piante per individuare e trattare tempestivamente eventuali segni di parassiti o malattie. I parassiti comuni delle Pinguicula includono afidi, acari e trips, che possono danneggiare le foglie e compromettere la salute della pianta. In caso di infestazione, è consigliabile utilizzare metodi di controllo biologici o insetticidi specifici per piante carnivore, seguendo attentamente le istruzioni del produttore.

Infine, è fondamentale fornire alle Pinguicula le condizioni ambientali ottimali per favorire una crescita sana e robusta. Ciò include una corretta esposizione alla luce solare, un substrato ben drenato e una corretta gestione dell'irrigazione e dell'umidità. Mantenere un ambiente pulito e ben ventilato intorno alle piante può contribuire ulteriormente a prevenire problemi di salute e a favorire una crescita ottimale.

Seguendo questi consigli pratici per la potatura e la manutenzione delle Pinguicula, potrai godere di piante carnivore rigogliose e vigorose nel tuo giardino.

10. Problemi Comuni di Salute e Relative Soluzioni

Le Pinguicula, sebbene robuste e adattabili, possono essere soggette a una serie di problemi di salute che richiedono un'attenzione tempestiva e adeguata per garantire il loro benessere a lungo termine. Conoscere i sintomi e le relative soluzioni per i problemi più comuni può aiutarti a mantenere le tue piante carnivore in condizioni ottimali.

Uno dei problemi più diffusi è l'eccesso di umidità nel substrato, che può portare al marciume radicale e alla comparsa di muffe e funghi dannosi. Per risolvere questo problema, è fondamentale assicurarsi che il substrato sia ben drenato e evitare di innaffiare eccessivamente le piante. Inoltre, è consigliabile rimuovere regolarmente l'acqua in eccesso dai sottovasi e garantire una buona ventilazione intorno alle piante.

Un altro problema comune è rappresentato dall'attacco di parassiti come afidi, acari e trips, che possono danneggiare le foglie e compromettere la salute generale della pianta. Per contrastare questi parassiti, è possibile utilizzare insetticidi specifici per piante carnivore o metodi di controllo biologici come l'introduzione di predatori naturali, come coccinelle o mantidi religiose.

La clorosi, o ingiallimento delle foglie, è un altro problema che può verificarsi nelle Pinguicula a causa di carenze nutritive, eccesso di luce solare o pH del terreno non corretto. Per risolvere la clorosi, è possibile integrare la fertilizzazione con un concime specifico per piante carnivore o aggiungere sostanze come il solfato di ferro al terreno per correggere le carenze nutritive.

Infine, le Pinguicula possono essere soggette a malattie fungine come la muffa grigia o la ruggine delle foglie, specialmente in condizioni di elevata umidità e scarsa ventilazione. Per prevenire e trattare queste malattie, è consigliabile rimuovere le foglie infette, mantenere l'ambiente intorno alle piante pulito e ben ventilato, e utilizzare fungicidi specifici se necessario.

Prestando attenzione ai segnali di allarme e intervenendo tempestivamente con le relative soluzioni, potrai mantenere le tue Pinguicula in salute e prosperose nel tempo.

VIII. Altre Specie Meno Conosciute

1. Introduzione alle Piante Carnivore Rare

Le piante carnivore rare costituiscono un affascinante mondo botanico ancora in gran parte inesplorato, ricco di specie uniche e affascinanti che sfidano le convenzioni della flora tradizionale. Queste creature vegetali, spesso poco conosciute e studiate, si distinguono per le loro caratteristiche straordinarie e per i loro adattamenti evolutivi sorprendenti, che le rendono oggetto di interesse per gli appassionati di piante esotiche e per i ricercatori botanici.

In contrasto con le piante carnivore più diffuse e conosciute, come la Dionaea muscipula o la Nepenthes, le specie rare spesso si trovano in habitat remoti e difficili da raggiungere, e possono essere avvolte da un alone di mistero che attira l'attenzione degli appassionati di botanica di tutto il mondo. La loro rarità e la loro bellezza unica le rendono oggetto di desiderio per i coltivatori e i collezionisti, che sono disposti a dedicare tempo ed energie per poterle osservare e coltivare nelle proprie collezioni.

Ogni specie di pianta carnivora rara è un tesoro botanico, dotato di caratteristiche e adattamenti unici che le consentono di sopravvivere in ambienti spesso estremi e poco ospitali. Esse si distinguono non solo per le loro forme e colori straordinari, ma anche per le loro complesse strategie di caccia e per i loro meccanismi di adattamento evolutivo che le rendono vere e proprie opere d'arte della natura.

Navigare tra le piante carnivore rare è come esplorare un mondo segreto e misterioso, dove ogni specie offre nuove meraviglie da scoprire e comprendere. In questo capitolo, ci immergeremo nell'universo affascinante delle piante carnivore meno conosciute, esaminando le loro caratteristiche distintive, i loro habitat naturali e le loro esigenze di coltivazione.

Attraverso un viaggio entusiasmante nel mondo delle piante carnivore rare, scopriremo il fascino nascosto di queste meravigliose creature vegetali e impareremo come coltivarle e curarle per apprezzarne appieno la loro bellezza e la loro straordinaria diversità.

2. Esplorazione delle Dionaea Poco Conosciute

Le piante carnivore rare costituiscono un affascinante mondo botanico ancora in gran parte inesplorato, ricco di specie uniche e affascinanti che sfidano le convenzioni della flora tradizionale. Queste creature vegetali, spesso poco conosciute e studiate, si distinguono per le loro caratteristiche straordinarie e per i loro adattamenti evolutivi sorprendenti, che le rendono oggetto di interesse per gli appassionati di piante esotiche e per i ricercatori botanici.

In contrasto con le piante carnivore più diffuse e conosciute, come la Dionaea muscipula o la Nepenthes, le specie rare spesso si trovano in habitat remoti e difficili da raggiungere, e possono essere avvolte da un alone di mistero che attira l'attenzione degli appassionati di botanica di tutto il mondo. La loro rarità e la loro bellezza unica le rendono oggetto di desiderio per i coltivatori e i collezionisti, che sono disposti a dedicare tempo ed energie per poterle osservare e coltivare nelle proprie collezioni.

Ogni specie di pianta carnivora rara è un tesoro botanico, dotato di caratteristiche e adattamenti unici che le consentono di sopravvivere in ambienti spesso estremi e poco ospitali. Esse si distinguono non solo per le loro forme e colori straordinari, ma anche per le loro complesse strategie di caccia e per i loro meccanismi di adattamento evolutivo che le rendono vere e proprie opere d'arte della natura.

Navigare tra le piante carnivore rare è come esplorare un mondo segreto e misterioso, dove ogni specie offre nuove meraviglie da scoprire e comprendere. In questo capitolo, ci immergeremo nell'universo affascinante delle piante carnivore meno conosciute, esaminando le loro caratteristiche distintive, i loro habitat naturali e le loro esigenze di coltivazione.

Attraverso un viaggio entusiasmante nel mondo delle piante carnivore rare, scopriremo il fascino nascosto di queste meravigliose creature vegetali e impareremo come coltivarle e curarle per apprezzarne appieno la loro bellezza e la loro straordinaria diversità.

3. Profondità nel Mondo delle Drosera Insolite

Esplorare le Drosera insolite ci immerge in un mondo affascinante e variegato, popolato da una miriade di specie e varietà con adattamenti sorprendenti e comportamenti di caccia unici. Le Drosera, conosciute anche come "piante rossonere" o "rocce di rugiada", sono famose per le loro foglie ricoperte di tentacoli appiccicosi che catturano gli insetti in cerca di dolci gocce di rugiada. Tuttavia, al di là delle specie più comuni come la Drosera capensis o la Drosera adelae, vi sono molte altre varietà di Drosera meno conosciute ma altrettanto affascinanti.

Tra queste troviamo la Drosera binata, caratterizzata dalle sue foglie divise in due parti distintive, che le conferiscono un aspetto unico tra le piante carnivore. Oppure la Drosera burmannii, una delle più piccole piante carnivore con foglie non più grandi di un centimetro, ma dotata di una voracità sorprendente nel catturare e digerire gli insetti. E non possiamo dimenticare la Drosera regia, una delle più maestose e spettacolari tra le Drosera, con foglie che possono crescere fino a 50 centimetri di altezza e catturare prede anche di dimensioni significative.

Inoltre, esistono varietà di Drosera che si sono adattate a habitat estremamente specializzati, come la Drosera schizandra, che cresce nelle paludi acide e torbide dell'Australia occidentale, o la Drosera burkeana, che prospera nelle zone rocciose e aride del Sud Africa. Ogni specie e varietà di Drosera offre un nuovo affascinante capitolo nel mondo delle piante carnivore, arricchendo la nostra comprensione della diversità biologica e dell'ingegnosità evolutiva delle piante carnivore.

4. Caratteristiche Uniche delle Sarracenia Minori

Le Sarracenia minori sono un gruppo affascinante di piante carnivore caratterizzate da una vasta gamma di adattamenti e peculiarità che le distinguono dalle loro controparti più conosciute. Queste piante, originarie principalmente delle regioni orientali degli Stati Uniti, sono spesso trascurate dagli appassionati di piante carnivore, ma offrono un mondo di bellezza e interesse per chi è disposto a esplorarlo.

Una delle caratteristiche uniche delle Sarracenia minori è la loro varietà morfologica. Mentre le Sarracenia maggiori possono raggiungere dimensioni imponenti con urne che superano il metro di altezza, le Sarracenia minori sono generalmente più piccole e compatte, con urne che possono variare da pochi centimetri a una ventina di centimetri. Tuttavia, non lasciatevi ingannare dalle dimensioni più ridotte; queste piante possono ancora essere sorprendentemente efficaci nel catturare insetti.

Inoltre, le Sarracenia minori presentano una vasta gamma di colori e modelli nelle loro urne e foglie. Alcune specie possono avere un colore verde uniforme, mentre altre possono mostrare striature rosse, gialle o persino viola sulle loro foglie. Questa diversità cromatica non solo le rende attraenti per gli appassionati di piante carnivore, ma potrebbe anche avere un ruolo nella cattura degli insetti, mimetizzandosi con l'ambiente circostante.

Un'altra caratteristica affascinante delle Sarracenia minori è la loro adattabilità agli habitat più insoliti. Mentre molte specie si trovano nelle torbiere umide e acide delle pianure costiere, alcune varietà possono essere trovate anche in habitat più inusuali, come le sabbie bianche della Florida settentrionale o le praterie umide dell'Alabama. Questa capacità di prosperare in una gamma così diversificata di ambienti testimonia la versatilità e la resilienza di queste straordinarie piante carnivore.

5. Habitat e Distribuzione delle Nepenthes Meno Famose

Le Nepenthes meno famose, sebbene non godano della stessa fama delle loro controparti più conosciute, sono piante carnivore altrettanto affascinanti e meritevoli di attenzione. Questi affascinanti vasi a trappola si trovano principalmente nelle regioni tropicali dell'Asia sud-orientale, come Indonesia, Malaysia, Filippine e Borneo, ma possono essere presenti anche in altre aree dell'Asia e dell'Oceania.

Una delle caratteristiche più interessanti delle Nepenthes meno famose è la loro distribuzione altamente specializzata in habitat specifici. Queste piante possono essere trovate in una varietà di ambienti, tra cui foreste pluviali, torbiere, praterie alpine e persino zone rocciose. Ad esempio, Nepenthes lowii è nota per crescere nelle foreste pluviali del Borneo settentrionale, dove vive in simbiosi con le formiche del genere Camponotus, che forniscono nutrienti alle piante attraverso le loro feci.

Allo stesso tempo, altre specie come Nepenthes edwardsiana preferiscono habitat più freschi e montani, trovandosi spesso su vette rocciose e pendii ripidi. Questa diversità di habitat e distribuzione testimonia l'adattabilità e la capacità delle Nepenthes meno famose di sopravvivere in una gamma di condizioni ambientali uniche.

Inoltre, la distribuzione geografica delle Nepenthes meno famose può essere influenzata da una serie di fattori, tra cui l'altitudine, il tipo di suolo, la disponibilità di acqua e la presenza di predatori e competizione vegetale. Comprendere questi fattori è fondamentale per la conservazione e la coltivazione di queste affascinanti piante carnivore, poiché permette di ricreare le condizioni ottimali per il loro sviluppo e prosperità.

6. Propagazione e Coltivazione delle Pinguicula Rare

La propagazione e la coltivazione delle Pinguicula rare richiedono una conoscenza approfondita delle loro esigenze specifiche e dei metodi più efficaci per garantire il successo. Poiché queste piante sono spesso rare e difficili da trovare in natura, è fondamentale essere in grado di propagarle con successo per preservarne la diversità genetica e assicurare la loro sopravvivenza a lungo termine.

Una delle tecniche più comuni per propagare le Pinguicula rare è la divisione delle piante adulte. Questo metodo prevede la separazione delle piccole rosette laterali che crescono intorno alla pianta madre e il loro trapianto in vasi separati. Questo consente alle nuove piante di sviluppare le proprie radici e di crescere indipendentemente dalla pianta madre. È importante assicurarsi che ogni rosetta abbia abbastanza radici per garantire una crescita sana e robusta.

Un altro metodo di propagazione delle Pinguicula rare è rappresentato dalla semina dei semi. Tuttavia, questo metodo può essere più impegnativo e richiede pazienza, poiché le Pinguicula possono impiegare del tempo per germinare e svilupparsi fino a diventare piante mature. È essenziale fornire alle piante giovani un ambiente controllato con le condizioni ottimali di umidità, temperatura e illuminazione per favorire una crescita sana.

Inoltre, alcune specie di Pinguicula rare possono essere propagate attraverso la produzione di gemme o talee da foglie. Questo processo coinvolge il taglio di foglie mature dalla pianta madre e la posizionamento delle foglie su un terreno umido e ben drenato. Le gemme o le radici dovrebbero svilupparsi dalle foglie nel corso di alcune settimane, e una volta che le nuove piantine sono abbastanza grandi, possono essere trapiantate in vasi individuali per continuare a crescere.

Per garantire una coltivazione di successo delle Pinguicula rare, è fondamentale fornire loro le condizioni ambientali ottimali. Queste piante preferiscono solitamente un terreno ben drenato e leggermente acido, come una miscela di torba e perlite. Inoltre, richiedono una buona illuminazione, ma è importante evitare l'esposizione diretta ai raggi del sole nelle ore più calde della giornata, in quanto potrebbe causare danni alle foglie delicate.

Infine, è importante mantenere un'adeguata umidità intorno alle Pinguicula rare, specialmente durante i periodi di crescita attiva. Ciò può essere ottenuto posizionando i vasi su un sottovaso con un po' d'acqua o utilizzando una nebulizzazione regolare per mantenere l'umidità dell'aria intorno alle piante. Con cure attente e attenzione ai dettagli, è possibile coltivare con successo queste affascinanti piante carnivore rare e contribuire alla loro conservazione a lungo termine.

7. Curiosità Botaniche: Specie da Scoprire tra le Utricularia

Le Utricularia, comunemente conosciute come piante vespe o trappole per insetti, sono un genere affascinante di piante carnivore che offrono una vasta gamma di specie da esplorare e scoprire. Queste piccole piante sono caratterizzate da trappole subacquee che utilizzano per catturare piccoli organismi acquatici come piccoli insetti, larve di zanzara e persino piccoli girini. Esplorare le diverse specie di Utricularia può essere un'avventura affascinante, poiché ogni varietà offre caratteristiche uniche e interessanti.

Tra le Utricularia più affascinanti da scoprire ci sono sicuramente le specie tropicali, che possono essere trovate in habitat acquatici come stagni, paludi e riserve umide. Queste piante sono spesso caratterizzate da fiori vivaci e intricati che si ergono sopra la superficie dell'acqua, attirando gli insetti con i loro colori sgargianti e i loro delicati profumi. Esplorare questi habitat può offrire agli appassionati di piante carnivore l'opportunità di osservare da vicino le Utricularia in tutto il loro splendore naturale.

Oltre alle specie tropicali, ci sono anche numerose varietà di Utricularia che si trovano in habitat terrestri, come prati umidi, zone umide e terreni torbosi. Queste piante sono spesso più piccole e discrete rispetto alle loro controparti tropicali, ma sono altrettanto affascinanti da esaminare. Molte di queste specie sono adattate a sopravvivere in condizioni ambientali estreme e possono essere trovate in luoghi remoti e poco frequentati, offrendo un'avventura emozionante per coloro che desiderano esplorare il mondo delle piante carnivore.

Un'altra curiosità botanica riguarda la varietà di meccanismi di trappola che si trovano nelle diverse specie di Utricularia. Mentre molte piante vespe utilizzano trappole passive per catturare le loro prede, alcune specie di Utricularia sono in grado di creare trappole attive che si attivano rapidamente quando un insetto entra in contatto con i peli sensitivi delle loro trappole. Questi meccanismi di trappola altamente specializzati sono stati oggetto di studio da parte dei ricercatori per anni e continuano a suscitare l'interesse e l'ammirazione di appassionati di piante carnivore in tutto il mondo.

Esplorare il mondo affascinante delle Utricularia è un'avventura senza fine, e ogni nuova specie scoperta offre l'opportunità di imparare di più su questi straordinari predatori vegetali. Con un po' di pazienza e dedizione, è possibile scoprire una miriade di specie uniche e affascinanti e contribuire alla nostra comprensione e conservazione di queste straordinarie piante carnivore.

8. Problemi e Minacce per le Piante Carnivore Meno Familiari

Le piante carnivore meno familiari, pur essendo affascinanti e uniche, possono trovarsi di fronte a una serie di problemi e minacce che mettono a rischio la loro sopravvivenza. Uno dei principali problemi è la perdita dell'habitat naturale a causa della deforestazione, dell'urbanizzazione e della conversione del territorio per scopi agricoli. Questo porta alla distruzione degli ambienti naturali in cui queste piante crescono, riducendo le loro possibilità di sopravvivenza.

Inoltre, le specie di piante carnivore meno familiari sono spesso minacciate dalla raccolta eccessiva, sia per scopi commerciali che per la raccolta amatoriale. La domanda di piante carnivore rare e esotiche può portare alla raccolta indiscriminata e alla decimazione delle popolazioni selvatiche. Questo può avere gravi conseguenze per l'equilibrio degli ecosistemi in cui queste piante sono parte integrante.

Altri problemi che possono influenzare le piante carnivore meno familiari includono l'inquinamento atmosferico e idrico, l'introduzione di specie invasive, i cambiamenti climatici e le malattie delle piante. L'inquinamento atmosferico può danneggiare le piante carnivore sensibili, compromettendo la qualità dell'aria e influenzando la loro capacità di catturare insetti. L'inquinamento idrico, come l'acidificazione dei laghi e dei fiumi, può ridurre la disponibilità di habitat adatti per le piante carnivore acquatiche.

L'introduzione di specie invasive può alterare gli equilibri ecologici negli habitat naturali delle piante carnivore, competendo con loro per risorse come la luce solare, l'acqua e i nutrienti del suolo. I cambiamenti climatici, come l'aumento delle temperature e dei livelli di precipitazione, possono influenzare la distribuzione e l'abbondanza delle piante carnivore, spingendole verso l'estinzione in alcune aree e aumentando il rischio di incendi boschivi e siccità.

Infine, le malattie delle piante possono rappresentare una minaccia significativa per le specie di piante carnivore meno familiari, compromettendo la loro salute e la loro capacità di sopravvivenza. Malattie fungine, batteriche e virali possono diffondersi rapidamente attraverso le popolazioni di piante carnivore, causando danni irreparabili e persino la morte delle piante.

Affrontare questi problemi e minacce richiede un impegno congiunto da parte di governi, organizzazioni ambientaliste, scienziati e appassionati di piante carnivore. È fondamentale proteggere gli habitat naturali delle piante carnivore, promuovere la conservazione e la gestione sostenibile delle popolazioni selvatiche e ridurre le minacce antropiche che mettono a rischio la loro sopravvivenza.

9. Conservazione delle Piante Rare: Sfide e Opportunità

La conservazione delle piante rare presenta una serie di sfide uniche e opportunità preziose per garantire la sopravvivenza di queste specie uniche e minacciate. Tra le sfide più significative vi è la scarsità di dati e informazioni sullo stato delle popolazioni di piante rare, che spesso rende difficile pianificare strategie di conservazione efficaci. La mancanza di conoscenze approfondite sulla biologia, l'ecologia e la distribuzione di queste piante può ostacolare gli sforzi per proteggerle e preservarle nel loro ambiente naturale.

Inoltre, le risorse limitate, sia finanziarie che umane, rappresentano una sfida significativa nella conservazione delle piante rare. La ricerca, la sorveglianza e la gestione attiva delle popolazioni di piante rare richiedono investimenti considerevoli in termini di tempo, denaro e risorse umane. Tuttavia, le organizzazioni ambientali e i programmi governativi spesso si trovano a dover operare con budget limitati e personale ridotto, il che può limitare la portata e l'efficacia delle attività di conservazione.

Le minacce antropiche, come la distruzione dell'habitat, la raccolta eccessiva e l'inquinamento, costituiscono un'altra sfida critica per la conservazione delle piante rare. La crescente pressione antropica sulle aree naturali porta alla perdita di habitat cruciali per molte specie di piante rare, mettendo a rischio la loro sopravvivenza a lungo termine. La raccolta eccessiva, sia per scopi commerciali che per il commercio illegale di piante rare, può accelerare il declino delle popolazioni già vulnerabili.

Tuttavia, nonostante queste sfide, esistono anche opportunità significative per la conservazione delle piante rare. La collaborazione tra governi, organizzazioni ambientaliste, istituzioni scientifiche e comunità locali può portare a un approccio integrato e coordinato alla conservazione delle piante rare. La condivisione di conoscenze, risorse e migliori pratiche può contribuire a ottimizzare gli sforzi di conservazione e massimizzare l'impatto positivo sulle popolazioni di piante rare.

Inoltre, l'educazione e la sensibilizzazione del pubblico possono svolgere un ruolo fondamentale nella conservazione delle piante rare, aiutando a promuovere una maggiore consapevolezza e apprezzamento per la biodiversità e gli ecosistemi unici in cui queste piante si trovano. Attraverso programmi educativi, visite guidate e campagne di sensibilizzazione, è possibile coinvolgere il pubblico nel processo di conservazione e incoraggiare comportamenti responsabili nei confronti dell'ambiente naturale.

10. Ruolo delle Specie Minori nell'Ecosistema: Implicazioni e Considerazioni

Il ruolo delle specie minori negli ecosistemi è di fondamentale importanza e le loro implicazioni vanno ben oltre la loro presenza fisica. Queste specie, sebbene possano essere meno conosciute o meno abbondanti rispetto a quelle più comuni, svolgono una serie di funzioni vitali che contribuiscono al mantenimento dell'equilibrio ecologico e alla salute dell'ambiente.

Innanzitutto, le specie minori spesso occupano nicchie ecologiche specifiche all'interno degli ecosistemi, svolgendo ruoli unici e complementari rispetto alle specie dominanti. Queste nicchie possono essere cruciali per la diversità complessiva dell'ecosistema e per la sua resilienza alle perturbazioni ambientali. Ad esempio, alcune specie minori possono essere specializzate nella dispersione di semi o nella predazione di piccoli insetti, contribuendo così alla riproduzione delle piante e al controllo delle popolazioni di insetti.

Inoltre, le specie minori possono svolgere un ruolo importante nella catena alimentare, fornendo cibo per altri organismi e contribuendo alla regolazione delle popolazioni all'interno dell'ecosistema. Anche se possono sembrare insignificanti individualmente, il loro impatto collettivo sull'ecosistema può essere significativo. Ad esempio, le larve di moscerini che si nutrono di piccole particelle organiche possono contribuire alla decomposizione della materia organica e alla ciclizzazione dei nutrienti nel terreno.

Le specie minori possono inoltre essere indicatori sensibili dei cambiamenti ambientali e delle perturbazioni dell'ecosistema. Poiché sono spesso più sensibili agli stress ambientali rispetto alle specie dominanti, le variazioni nelle loro popolazioni o nei loro pattern di distribuzione possono fornire preziose informazioni sullo stato di salute complessivo dell'ecosistema. Monitorare queste specie può aiutare a identificare precocemente eventuali problemi ambientali e ad adottare misure di conservazione appropriate per proteggere l'ecosistema nel suo insieme.

Infine, le specie minori possono anche avere un valore intrinseco e culturale per le comunità locali e per la società nel suo complesso. Molte di queste specie sono parte integrante della storia e della tradizione delle persone che vivono nelle loro aree di distribuzione, e il loro mantenimento può contribuire alla conservazione della diversità culturale e biologica.

In conclusione, anche se le specie minori possono non attirare l'attenzione come le specie più grandi o più vistose, il loro ruolo negli ecosistemi è di vitale importanza. Proteggere e conservare queste specie è essenziale per garantire la salute e la resilienza degli ecosistemi e per preservare la diversità biologica del nostro pianeta.

IX. Preparazione del Terreno

1. Selezione del Sustrato Ideale

La scelta del substrato giusto è fondamentale per il successo della coltivazione delle piante carnivore. Ogni specie ha esigenze specifiche in termini di substrato, che devono essere soddisfatte per garantire una crescita sana e vigorosa. La selezione del substrato ideale dipende da diversi fattori, tra cui la specie di pianta carnivora, le condizioni ambientali e le preferenze del coltivatore. Un substrato efficace dovrebbe fornire un adeguato drenaggio, un'adeguata trattenuta dell'umidità, un pH bilanciato e sostanze nutritive sufficienti per sostenere la crescita delle piante.

Nella scelta del substrato, è importante considerare la natura delle piante carnivore, che tendono a crescere in habitat poveri di nutrienti come torbiere, zone paludose e terreni rocciosi. Il substrato deve quindi essere leggero, poroso e privo di sostanze nutritive che potrebbero danneggiare le radici sensibili delle piante. La torba di sfagno è un substrato comunemente utilizzato per molte specie di piante carnivore, poiché fornisce una buona trattenuta dell'umidità e un'acidità adatta alle loro esigenze. Tuttavia, alcune specie possono richiedere miscele di substrati più complesse, che includono sabbia, perlite, vermiculite o altri materiali inerti per migliorare il drenaggio e la struttura del terreno.

È importante evitare l'uso di substrati contenenti fertilizzanti o altri additivi chimici, poiché possono danneggiare le radici delle piante carnivore sensibili agli eccessi di nutrienti. Inoltre, è consigliabile sterilizzare il substrato prima dell'uso per eliminare eventuali patogeni o parassiti che potrebbero danneggiare le piante. Questo può essere fatto riscaldando il substrato in forno o bagnandolo con acqua bollente.

In definitiva, la selezione del substrato ideale è un passo cruciale nella coltivazione di piante carnivore e richiede attenzione ai dettagli e una comprensione delle esigenze specifiche delle piante. Un substrato ben scelto fornirà alle piante carnivore le condizioni ottimali per prosperare e prosperare nel loro ambiente. Utilizzando la giusta combinazione di materiali e seguendo le pratiche corrette, è possibile creare un substrato che favorisca una crescita robusta e una buona salute delle piante carnivore.

2. Preparazione del Terreno: Tecniche di Pulizia e Sterilizzazione

La preparazione del terreno per la coltivazione delle piante carnivore richiede attenzione ai dettagli e l'adozione di tecniche specifiche per garantire un ambiente ottimale per la crescita delle piante. Una delle prime fasi cruciali in questo processo è la pulizia e la sterilizzazione del terreno, che aiuta a prevenire la presenza di patogeni, parassiti e altri agenti dannosi che potrebbero compromettere la salute delle piante.

Prima di tutto, è importante assicurarsi che il terreno sia privo di qualsiasi materiale indesiderato, come detriti vegetali, radici morte o residui organici che potrebbero favorire la crescita di funghi o batteri nocivi. Questi materiali devono essere rimossi manualmente o attraverso l'uso di setacci o setacci per separarli dal terreno.

Una volta completata la pulizia iniziale, è essenziale procedere con la sterilizzazione del terreno per eliminare qualsiasi agente patogeno o microorganismo dannoso. Ci sono diverse tecniche che possono essere utilizzate per questo scopo, tra cui il calore, l'umidità e l'uso di agenti chimici.

Una delle tecniche più comuni è la sterilizzazione termica, che coinvolge il riscaldamento del terreno a temperature elevate per uccidere qualsiasi agente patogeno presente. Questo può essere fatto utilizzando un forno, un microonde o una piastra riscaldante. È importante riscaldare il terreno a una temperatura sufficientemente alta e per un periodo di tempo adeguato per garantire l'efficacia del processo.

Un'altra opzione è l'uso di vapore per sterilizzare il terreno. Questo metodo coinvolge l'esposizione del terreno al vapore ad alta pressione per un periodo di tempo specifico, che uccide gli agenti patogeni senza danneggiare il terreno stesso. Tuttavia, è importante prestare attenzione per evitare di surriscaldare o surriscaldare eccessivamente il terreno durante questo processo.

Inoltre, ci sono agenti chimici sterilizzanti disponibili sul mercato che possono essere utilizzati per trattare il terreno e uccidere patogeni e batteri. Tuttavia, è importante seguire attentamente le istruzioni del produttore e prestare attenzione agli effetti collaterali potenziali sull'ambiente e sulla salute delle piante.

In definitiva, la pulizia e la sterilizzazione del terreno sono passaggi fondamentali nella preparazione del substrato per la coltivazione delle piante carnivore. Seguendo le giuste tecniche e precauzioni, è possibile creare un ambiente ottimale per la crescita sana e vigorosa delle piante.

3. Miscele di Terreno Ottimali per Diverse Specie

La scelta della miscela di terreno è fondamentale per garantire il successo nella coltivazione delle diverse specie di piante carnivore, poiché ogni specie ha esigenze specifiche in termini di drenaggio, umidità e nutrizione del terreno. La creazione di miscele di terreno ottimali richiede una combinazione equilibrata di diversi componenti, ognuno dei quali contribuisce a fornire le condizioni ideali per la crescita delle piante.

Una delle componenti fondamentali di molte miscele di terreno per piante carnivore è il substrato inerte, come la sabbia grossolana, il perlite o la vermiculite. Questi materiali forniscono un'eccellente drenaggio e aerazione del terreno, prevenendo il ristagno d'acqua che potrebbe portare al marciume delle radici. Inoltre, contribuiscono a mantenere il terreno leggero e poroso, facilitando lo sviluppo delle radici e l'assorbimento dei nutrienti.

Oltre al substrato inerte, molti coltivatori aggiungono torba o muschio di torba alle loro miscele di terreno. La torba è un materiale organico ricco di sostanze nutritive e ha un'elevata capacità di ritenzione idrica, il che la rende ideale per mantenere il terreno costantemente umido, ma non saturo. Tuttavia, è importante utilizzare torba di alta qualità, preferibilmente priva di fertilizzanti o altri additivi che potrebbero essere dannosi per le piante carnivore.

Altri componenti comuni nelle miscele di terreno per piante carnivore includono muschio di sfagno, corteccia di pino triturata e carbone attivo. Il muschio di sfagno è noto per la sua capacità di trattenere l'umidità e favorire la crescita delle piante, mentre la corteccia di pino triturata fornisce struttura e aerazione al terreno. Il carbone attivo, invece, aiuta a prevenire la formazione di muffe e batteri nel terreno, mantenendo un ambiente sano per le radici delle piante.

È importante sperimentare con diverse combinazioni e proporzioni di questi materiali per trovare la miscela di terreno ottimale per le specifiche esigenze delle diverse specie di piante carnivore. Ogni coltivatore potrebbe avere le proprie preferenze e metodi di preparazione del terreno, quindi è consigliabile testare diverse opzioni e adattarle in base alle necessità delle piante e alle condizioni ambientali.

4. Uso di Materiali Aggiuntivi per Migliorare la Qualità del Terreno

L'uso di materiali aggiuntivi può significativamente migliorare la qualità del terreno utilizzato per la coltivazione delle piante carnivore, fornendo loro un ambiente ottimale per crescere e prosperare. Questi materiali supplementari possono essere aggiunti alla miscela di terreno di base per migliorare la sua struttura, drenaggio, aerazione e nutrizione, garantendo così alle piante le condizioni ottimali per uno sviluppo sano e vigoroso.

Tra i materiali aggiuntivi più comuni utilizzati per arricchire il terreno delle piante carnivore vi sono il carbone di legna, la perlite, il vermiculite e la corteccia di pino. Il carbone di legna, oltre a fornire una struttura stabile al terreno, agisce anche come filtro naturale, assorbendo le tossine e i composti nocivi presenti nel terreno e mantenendo l'ambiente radicale pulito e salubre. La perlite e la vermiculite, invece, sono ampiamente utilizzate per migliorare il drenaggio e l'aerazione del terreno, impedendo il ristagno d'acqua e prevenendo il marciume delle radici. Inoltre, la corteccia di pino triturata può essere aggiunta alla miscela per aumentare la struttura e la stabilità del terreno, migliorando così la sua capacità di sostenere le radici delle piante.

Oltre a questi materiali, alcuni coltivatori scelgono di arricchire il terreno con sostanze organiche come il compost, il letame di lombrico o il guano di uccello. Questi materiali organici forniscono nutrienti essenziali alle piante carnivore, promuovendo la crescita e la fioritura vigorosa. Tuttavia, è importante assicurarsi che tali materiali siano ben decomposti e privi di sostanze nocive o patogeni che potrebbero danneggiare le piante.

È fondamentale sperimentare con diverse combinazioni di materiali aggiuntivi e proporzioni per trovare la miscela di terreno ideale per le esigenze specifiche delle diverse specie di piante carnivore. Ogni coltivatore potrebbe avere le proprie preferenze e metodi di preparazione del terreno, quindi è consigliabile testare diverse opzioni e adattarle in base alle necessità delle piante e alle condizioni ambientali.

5. Test e Controllo della Qualità del Terreno

Il test e il controllo della qualità del terreno sono passaggi cruciali nel processo di preparazione del substrato per la coltivazione delle piante carnivore. Questi metodi consentono di valutare la composizione, la struttura e le proprietà fisiche del terreno, garantendo che soddisfi i requisiti specifici delle piante e fornisca loro un ambiente ottimale per crescere e prosperare.

Per effettuare il test della qualità del terreno, è possibile utilizzare diversi metodi e strumenti. Uno dei modi più comuni è l'analisi chimica del terreno, che prevede il prelievo di campioni di terreno da diverse aree del giardino o del vaso e la loro analisi per determinare il pH, la concentrazione di sostanze nutritive e altri parametri importanti. Questo tipo di analisi fornisce informazioni dettagliate sulla fertilità del terreno e consente di apportare eventuali correzioni necessarie per migliorarne la qualità.

Oltre all'analisi chimica, è importante valutare anche la struttura del terreno attraverso il test della permeabilità, della porosità e della capacità di ritenzione idrica. Questi test possono essere eseguiti utilizzando semplici strumenti come il cilindro di infiltrazione per valutare la velocità con cui l'acqua penetra nel terreno e il tensiometro per monitorare la disponibilità di acqua per le radici delle piante.

Il controllo della qualità del terreno non si limita solo alla fase iniziale della preparazione del substrato, ma dovrebbe essere un processo continuo durante tutto il ciclo di crescita delle piante carnivore. Monitorare regolarmente la salute e il vigore delle piante, nonché la presenza di eventuali segni di stress o malattie, può aiutare a identificare tempestivamente eventuali problemi legati al terreno e ad apportare le correzioni necessarie.

Inoltre, è importante prendere in considerazione il tipo di piante carnivore da coltivare e adattare di conseguenza la composizione del terreno alle loro esigenze specifiche. Ad esempio, alcune specie preferiscono terreni acidi e ben drenati, mentre altre possono richiedere terreni più ricchi di sostanze nutritive o più porosi.

In sintesi, il test e il controllo della qualità del terreno sono fondamentali per garantire il successo della coltivazione delle piante carnivore. Con la giusta attenzione e cura nel valutare e migliorare il terreno, è possibile creare un ambiente ideale per la crescita e la prosperità di queste affascinanti piante.

X. Luce e Illuminazione Adeguata

1. Tipi di Luce e Loro Effetti sulle Piante

I diversi tipi di luce hanno un impatto significativo sulle piante carnivore e sulle loro funzioni vitali. Comprendere questi effetti è fondamentale per fornire alle piante le condizioni ottimali di crescita e sviluppo.

In natura, le piante si sono adattate a sfruttare la luce solare per la fotosintesi, un processo vitale che consente loro di produrre energia e crescere. Tuttavia, non tutte le fonti luminose sono uguali, e le piante possono rispondere in modo diverso a vari tipi di luce.

Ad esempio, la luce solare fornisce una gamma completa di lunghezze d'onda, comprese quelle visibili e quelle non visibili, come i raggi infrarossi e ultravioletti. Questa varietà di lunghezze d'onda influisce sulle piante in modi diversi: la luce visibile è essenziale per la fotosintesi, mentre le lunghezze d'onda UV possono avere effetti benefici o dannosi a seconda dell'intensità e della durata dell'esposizione.

Allo stesso tempo, la luce infrarossa può influenzare il riscaldamento delle piante e stimolare alcuni processi fisiologici. Oltre alla luce solare, le piante possono essere illuminate anche artificialmente utilizzando lampade fluorescenti, a incandescenza, a LED o a vapor di sodio. Ciascuna di queste fonti luminose emette una diversa combinazione di lunghezze d'onda, e la scelta della fonte luminosa può influenzare significativamente la crescita e la salute delle piante carnivore.

2. Esigenze di Illuminazione delle Piante Carnivore

Le esigenze di illuminazione delle piante carnivore possono variare notevolmente a seconda delle specie e dell'habitat naturale da cui provengono. Tuttavia, esistono alcune linee guida generali che possono aiutare a fornire una buona illuminazione per la coltivazione di queste piante in ambienti domestici o in serra.

Innanzitutto, è importante considerare l'intensità luminosa necessaria per le piante carnivore. La maggior parte di esse richiede una luce abbastanza intensa per svolgere efficacemente la fotosintesi e mantenere una crescita sana. Questo è particolarmente vero per le specie provenienti da habitat soleggiati e aperti, come le Sarracenie e le Drosera. In tali casi, una buona esposizione alla luce solare diretta può essere essenziale per il loro benessere.

Tuttavia, alcune specie, come le Pinguiculae alcune Nepenthes, provengono da habitat più ombreggiati e possono tollerare meno luce diretta. Per queste piante, una luce solare filtrata o una luce artificiale di intensità moderata possono essere più adatte.

Oltre all'intensità, è importante considerare anche la durata dell'illuminazione. Nella natura, molte piante carnivore sono abituate a una lunga giornata di luce durante i mesi estivi e a periodi più brevi di luce durante l'inverno. Ricreare questi cicli di luce e buio può essere cruciale per stimolare la fioritura e mantenere la salute generale delle piante nel lungo termine.

Infine, è fondamentale scegliere la giusta fonte luminosa. Le lampade fluorescenti, a LED o a vapor di sodio sono spesso preferite per la coltivazione indoor delle piante carnivore, poiché possono fornire una gamma completa di lunghezze d'onda necessarie per la fotosintesi e sono più efficienti dal punto di vista energetico rispetto alle lampade a incandescenza.

Considerando attentamente queste esigenze di illuminazione e fornendo alle piante carnivore la giusta quantità e tipo di luce, è possibile favorire una crescita sana e vigorosa, garantendo che abbiano le migliori possibilità di prosperare in ambienti domestici o in serra.

3. Ottimizzazione dell'Illuminazione Indoor

Per ottimizzare l'illuminazione indoor per le piante carnivore, è fondamentale considerare diversi fattori che influenzano la qualità e l'efficacia della luce fornita alle piante. In un ambiente indoor, dove la luce solare potrebbe essere limitata o non disponibile, è necessario ricorrere a fonti luminose artificiali per garantire che le piante carnivore ricevano la quantità e il tipo di luce di cui necessitano per prosperare.

Uno dei primi passi per ottimizzare l'illuminazione indoor è scegliere la giusta fonte luminosa. Le lampade a LED sono spesso preferite per la coltivazione indoor delle piante carnivore poiché offrono una gamma completa di lunghezze d'onda necessarie per la fotosintesi e possono essere regolate per fornire la quantità e il tipo di luce appropriati per le diverse fasi di crescita delle piante. Le lampade a LED possono anche essere più efficienti dal punto di vista energetico e durare più a lungo rispetto ad altre fonti luminose, come le lampade fluorescenti o a incandescenza.

Inoltre, è importante posizionare le lampade a LED o altre fonti luminose artificiali ad un'altezza e una distanza ottimali dalle piante carnivore. Questo può variare a seconda delle esigenze specifiche delle piante e delle caratteristiche della lampada utilizzata, ma in generale, è consigliabile posizionare le lampade a una distanza che fornisca una distribuzione uniforme della luce su tutte le piante coltivate.

Per garantire una distribuzione uniforme della luce e massimizzare l'efficacia dell'illuminazione indoor, è anche consigliabile utilizzare riflettori o dispositivi di diffusione della luce intorno alle lampade. Questi possono aiutare a dirigere e diffondere la luce in modo più uniforme su tutte le piante coltivate, riducendo al contempo gli angoli morti e migliorando l'efficienza complessiva dell'illuminazione.

Infine, è importante tenere conto della durata e della frequenza dell'illuminazione quando si progetta un sistema di illuminazione indoor per le piante carnivore. Simulare cicli di luce e buio simili a quelli trovati nella natura può aiutare a promuovere una crescita sana e riproduttiva, così come stimolare i processi fisiologici cruciali come la fotosintesi e la fioritura.

Considerando attentamente tutti questi fattori e adottando le giuste precauzioni nell'ottimizzazione dell'illuminazione indoor, è possibile creare un ambiente ideale per la coltivazione e la cura delle piante carnivore, garantendo loro le migliori possibilità di successo e prosperità.

4. Luce Naturale vs Luce Artificiale: Confronto e Applicazioni

Il confronto tra luce naturale e luce artificiale è cruciale per comprendere le migliori applicazioni per la coltivazione delle piante carnivore. La luce naturale, proveniente dal sole, fornisce una vasta gamma di lunghezze d'onda essenziali per la fotosintesi e la crescita delle piante. Tuttavia, l'accesso costante e affidabile alla luce solare può essere limitato, specialmente in ambienti interni o in regioni con climi poco favorevoli. In questi casi, la luce artificiale diventa essenziale per garantire una crescita ottimale delle piante carnivore.

Le lampade artificiali, come le lampade a LED o a fluorescenza, offrono un'alternativa affidabile alla luce naturale, consentendo ai coltivatori di fornire una fonte luminosa costante e controllata per le loro piante. Queste lampade possono essere regolate per fornire la giusta combinazione di lunghezze d'onda e intensità luminosa per soddisfare le esigenze specifiche delle diverse specie di piante carnivore. Inoltre, la luce artificiale può essere facilmente controllata in termini di durata e intensità, consentendo ai coltivatori di creare condizioni ottimali per la crescita delle piante carnivore in qualsiasi momento dell'anno e in qualsiasi ambiente.

Tuttavia, nonostante i vantaggi della luce artificiale, ci sono anche alcuni aspetti positivi della luce naturale che non possono essere completamente riprodotti. La luce solare contiene una vasta gamma di lunghezze d'onda, comprese quelle invisibili come i raggi infrarossi e ultravioletti, che possono avere benefici per la crescita e la salute delle piante carnivore. Inoltre, l'esposizione alla luce solare può stimolare la produzione di pigmenti e oli essenziali nelle piante, contribuendo alla loro resistenza alle malattie e alle condizioni ambientali avverse.

Nella pratica, molti coltivatori combinano sia la luce naturale che quella artificiale per massimizzare i benefici per le loro piante carnivore. Ad esempio, possono utilizzare la luce solare quando disponibile durante il giorno e integrare con la luce artificiale per estendere le ore di luce durante i mesi invernali o in ambienti interni con scarsa illuminazione. In questo modo, è possibile creare un ambiente ottimale per la crescita delle piante carnivore, sfruttando al meglio le caratteristiche uniche di entrambi i tipi di illuminazione.

In conclusione, il confronto tra luce naturale e luce artificiale rivela che entrambe hanno vantaggi e applicazioni specifiche nella coltivazione delle piante carnivore. È importante valutare attentamente le esigenze specifiche delle piante e le condizioni ambientali disponibili per determinare la migliore combinazione di luce naturale e artificiale per garantire una crescita sana e vigorosa delle piante carnivore.

5. Soluzioni per la Carenza o l'Eccesso di Luce

La gestione della luce è fondamentale per garantire una crescita ottimale delle piante carnivore, ma sia la carenza che l'eccesso di luce possono causare problemi. La carenza di luce può manifestarsi con sintomi come l'ingiallimento delle foglie, la crescita rallentata o la produzione di foglie più sottili del normale. In queste situazioni, è importante aumentare l'esposizione alla luce naturale o regolare l'illuminazione artificiale per fornire alle piante carnivore la quantità di luce di cui hanno bisogno per la fotosintesi e lo sviluppo.

D'altra parte, un eccesso di luce può causare danni alle piante carnivore, manifestandosi con bruciature delle foglie, scolorimento o addirittura necrosi dei tessuti vegetali. Questo problema può verificarsi quando le piante vengono esposte a una luce intensa e prolungata, soprattutto durante le ore più calde della giornata. Per evitare danni da eccesso di luce, è consigliabile fornire un'ombreggiatura parziale durante le ore più calde o ridurre la durata dell'esposizione alla luce artificiale.

Per gestire efficacemente la carenza o l'eccesso di luce, è importante monitorare attentamente le piante carnivore e regolare l'illuminazione di conseguenza. Ad esempio, è possibile utilizzare temporizzatori per controllare la durata dell'illuminazione artificiale o posizionare le piante in aree con diverse intensità luminose in base alle loro esigenze specifiche. Inoltre, l'uso di schermi o tende oscuranti può aiutare a regolare l'esposizione alla luce naturale in ambienti interni o in serra.

Inoltre, alcune piante carnivore possono essere sensibili a determinate lunghezze d'onda della luce, come ad esempio i raggi UV, che possono essere dannosi se presenti in eccesso. In questi casi, è possibile utilizzare filtri UV o lampade appositamente progettate per ridurre l'esposizione alle lunghezze d'onda dannose.

In conclusione, la gestione della luce è un aspetto cruciale della coltivazione delle piante carnivore, e la correzione della carenza o dell'eccesso di luce richiede un'attenzione particolare e interventi mirati. Monitorare attentamente le piante e regolare l'illuminazione in base alle loro esigenze specifiche è essenziale per garantire una crescita sana e vigorosa delle piante carnivore.

XI. Umidità e Irrigazione

1. Importanza dell'Umidità per le Piante Carnivore

L'umidità riveste un ruolo fondamentale nella sopravvivenza e nel benessere delle piante carnivore. Queste affascinanti creature vegetali, adattate a habitat caratterizzati da elevati livelli di umidità, dipendono in larga misura da un ambiente adeguatamente umido per crescere e prosperare. L'umidità, infatti, influisce su diversi aspetti vitali delle piante carnivore, compresa la traspirazione, l'assorbimento di nutrienti, la salute delle foglie e la capacità di catturare e digerire le prede.

Innanzitutto, l'umidità ambientale è essenziale per il processo di traspirazione delle piante carnivore, attraverso il quale l'acqua viene assorbita dalle radici e trasportata fino alle foglie, dove viene rilasciata nell'ambiente sotto forma di vapore acqueo. Questo processo, oltre a contribuire alla regolazione termica delle piante, favorisce lo scambio gassoso con l'atmosfera, consentendo l'assorbimento di anidride carbonica necessaria per la fotosintesi.

Inoltre, un'adeguata umidità favorisce l'assorbimento dei nutrienti da parte delle piante carnivore. Le radici, infatti, assorbono i sali minerali disciolti nell'acqua del terreno e li trasportano fino alle foglie, dove vengono utilizzati per sostenere le funzioni vitali della pianta. In condizioni di bassa umidità, questo processo può essere compromesso, riducendo l'efficienza nell'assorbimento dei nutrienti e compromettendo la salute della pianta.

Le foglie delle piante carnivore, inoltre, sono spesso adattate per trattenere l'umidità e favorire l'accumulo di goccioline d'acqua superficiali. Questa caratteristica è particolarmente importante per le piante che crescono in ambienti umidi, dove l'acqua è abbondante e costituisce una fonte di idratazione supplementare. Le goccioline d'acqua presenti sulle foglie possono anche fungere da trappola per gli insetti, attirandoli e facilitandone la cattura.

Infine, un ambiente sufficientemente umido favorisce la salute generale delle piante carnivore, riducendo il rischio di disidratazione e stress idrico. Le piante che ricevono una quantità adeguata di umidità tendono ad essere più rigogliose, con foglie più robuste e vitali, e hanno una maggiore capacità di reagire agli stress ambientali.

In sintesi, l'umidità è un fattore cruciale per il benessere delle piante carnivore, influenzando numerosi aspetti della loro fisiologia e della loro crescita. Pertanto, è fondamentale fornire un ambiente con livelli ottimali di umidità per garantire il successo nella coltivazione di queste affascinanti piante.

2. Tecniche di Irrigazione Ottimali

Le tecniche di irrigazione rappresentano un elemento cruciale nella cura e nella coltivazione delle piante carnivore, richiedendo una approfondita comprensione delle esigenze specifiche di ciascuna specie. Data la diversità di habitat da cui provengono le piante carnivore, è fondamentale adottare approcci differenziati per garantire una corretta idratazione e prevenire problemi legati all'eccesso o alla carenza d'acqua.

Per le piante carnivore terrestri, come la Dionaea e la Drosera, una tecnica di irrigazione ottimale prevede l'uso di un vassoio di raccolta o di una piastra sottovaso riempita con acqua distillata o piovana. In questo modo, le radici possono assorbire l'acqua necessaria attraverso il fondo del vaso, mantenendo il terreno costantemente umido senza saturarlo eccessivamente. È importante evitare l'uso di acqua del rubinetto o contenenti elevate concentrazioni di sali minerali, che potrebbero danneggiare le radici sensibili delle piante carnivore.

Per le piante carnivore epifite, come le Nepenthes, l'irrigazione ottimale può prevedere l'impiego di tecniche di nebulizzazione o spruzzatura per simulare le condizioni di umidità presenti nei loro habitat naturali. Queste piante traggono l'umidità dall'aria circostante attraverso le foglie e i vasi, quindi mantenere un'umidità relativa elevata intorno alle piante può favorire una corretta idratazione e un sano sviluppo. Tuttavia, è importante evitare di bagnare eccessivamente le foglie per non favorire lo sviluppo di muffe e funghi.

Per le piante carnivore acquatiche, come le Sarracenia, l'irrigazione ottimale consiste nell'assicurare che il substrato in cui sono coltivate rimanga costantemente immerso in acqua. Queste piante sono adattate a vivere in terreni paludosi o in zone acquitrinose e richiedono un'abbondante fornitura d'acqua per mantenere le radici costantemente umide. Tuttavia, è importante evitare l'accumulo di acqua stagnante, che potrebbe favorire la decomposizione del substrato e danneggiare le radici delle piante.

Indipendentemente dalla specie di piante carnivore coltivata, è fondamentale monitorare attentamente l'umidità del terreno e adattare le tecniche di irrigazione in base alle esigenze specifiche di ciascuna pianta. Un eccesso o una carenza d'acqua possono compromettere la salute e il benessere delle piante carnivore, quindi è consigliabile prestare particolare attenzione a segnali come il disseccamento delle foglie o la comparsa di marciume radicale e regolare l'irrigazione di conseguenza.

3. Monitoraggio e Regolazione dell'Umidità Ambientale

Il monitoraggio e la regolazione dell'umidità ambientale rappresentano un aspetto fondamentale nella gestione delle piante carnivore, poiché queste piante dipendono da condizioni di umidità specifiche per prosperare e mantenersi in salute. Esistono diverse tecniche e strumenti disponibili per garantire un ambiente adeguatamente umido per le piante carnivore, consentendo ai coltivatori di mantenere un controllo preciso e ottimale sull'umidità circostante.

Una delle tecniche più comuni per monitorare l'umidità ambientale è l'uso di igrometri o misuratori di umidità, dispositivi progettati per misurare il livello di umidità relativa nell'aria circostante. Questi strumenti sono disponibili in varie forme, tra cui igrometri digitali e analogici, e possono essere posizionati vicino alle piante carnivore per monitorare costantemente l'umidità dell'ambiente. Ciò consente ai coltivatori di rilevare eventuali variazioni nell'umidità e di adottare le misure necessarie per mantenere condizioni ottimali per le piante.

Per regolare l'umidità ambientale, i coltivatori possono ricorrere a diverse strategie e dispositivi. Uno dei metodi più comuni è l'uso di umidificatori, che sono dispositivi progettati per aumentare l'umidità relativa nell'aria attraverso la diffusione di vapore o nebbia. Gli umidificatori possono essere posizionati strategicamente intorno alle piante carnivore per fornire un'umidità supplementare quando necessario, specialmente in ambienti secchi o in periodi di bassa umidità.

In aggiunta agli umidificatori, i coltivatori possono utilizzare anche tecniche passive per aumentare l'umidità ambientale intorno alle piante carnivore. Ad esempio, l'uso di vassoi di raccolta riempiti con acqua o l'installazione di fonti d'acqua come fontane o cascate artificiali può contribuire a aumentare l'umidità relativa nell'ambiente circostante. Inoltre, l'uso di materiali di copertura come pellicole traspiranti o teli di plastica può aiutare a trattenere l'umidità e a creare un microclima più umido intorno alle piante.

È importante notare che, mentre un'elevata umidità ambientale è essenziale per molte piante carnivore, un'eccessiva umidità può anche favorire lo sviluppo di muffe e malattie fungine. Pertanto, è fondamentale monitorare attentamente l'umidità dell'ambiente e adottare misure preventive per prevenire problemi legati all'umidità e al suo eccesso.

4. Uso di Sistemi di Nebulizzazione e Umidificatori

L'uso di sistemi di nebulizzazione e umidificatori rappresenta un'importante strategia per garantire livelli ottimali di umidità per le piante carnivore, specialmente in ambienti dove l'umidità naturale è insufficiente o variabile. Questi sistemi offrono un modo efficace per aumentare l'umidità relativa nell'aria circostante, creando un ambiente più favorevole alla crescita e al benessere delle piante carnivore.

I sistemi di nebulizzazione sono dispositivi progettati per spruzzare fini gocce d'acqua nell'aria, creando una leggera nebbia che si diffonde nell'ambiente circostante. Questa nebbia umidifica l'aria e aumenta l'umidità relativa, fornendo alle piante carnivore l'umidità di cui hanno bisogno per prosperare. I sistemi di nebulizzazione possono essere installati in serra o in ambienti interni, e sono disponibili in diverse configurazioni, tra cui sistemi a nebbia fredda e sistemi a nebbia calda.

Gli umidificatori, d'altra parte, sono dispositivi progettati specificamente per aumentare l'umidità relativa nell'aria senza produrre nebbia. Questi dispositivi possono funzionare tramite evaporazione, diffusione di vapore o altri meccanismi per rilasciare acqua nell'ambiente circostante sotto forma di umidità. Gli umidificatori sono disponibili in una varietà di dimensioni e modelli, inclusi umidificatori ad ultrasuoni, evaporativi e ad alta capacità, consentendo ai coltivatori di scegliere il tipo più adatto alle proprie esigenze e alla dimensione del loro ambiente di coltivazione.

L'uso combinato di sistemi di nebulizzazione e umidificatori può essere particolarmente efficace per mantenere livelli di umidità costanti e ottimali intorno alle piante carnivore. Questi sistemi possono essere programmabili per fornire un'umidità specifica durante determinati periodi della giornata o in risposta a variazioni climatiche, garantendo un ambiente stabile e favorevole alla crescita delle piante.

Tuttavia, è importante monitorare attentamente l'umidità dell'ambiente e regolare i sistemi di nebulizzazione e umidificazione di conseguenza per evitare un'eccessiva umidità, che potrebbe causare problemi come marciume delle radici o muffe. Inoltre, è consigliabile utilizzare acqua pulita e priva di cloro nei sistemi di nebulizzazione e umidificazione per prevenire l'accumulo di minerali dannosi nel terreno e sulle foglie delle piante carnivore.

5. Risoluzione dei Problemi Legati all'Umidità

Quando si affrontano problemi legati all'umidità nelle piante carnivore, è essenziale identificare con precisione la causa sottostante e adottare le misure correttive appropriate per ripristinare un ambiente ottimale per la crescita. Alcuni dei problemi più comuni legati all'umidità includono eccessiva umidità, scarsa umidità, muffe e marciume delle radici.

Se le piante carnivore mostrano segni di eccessiva umidità, come foglie ingiallite, marciume radicale o muffa sul terreno, è fondamentale agire prontamente per correggere la situazione. In questo caso, è consigliabile ridurre la frequenza e la quantità di irrigazione, assicurandosi che il terreno abbia il tempo di asciugarsi tra un'irrigazione e l'altra. Inoltre, è possibile aumentare la ventilazione intorno alle piante, riducendo la frequenza di nebulizzazione o umidificazione dell'aria se necessario. L'uso di ventilatori può anche aiutare a migliorare la circolazione dell'aria e a ridurre l'umidità stagnante intorno alle piante.

D'altra parte, se le piante carnivore mostrano segni di scarsa umidità, come appassimento delle foglie o punte bruciacchiate, è importante aumentare l'umidità ambientale intorno alle piante. In questo caso, è possibile aumentare la frequenza di irrigazione o utilizzare sistemi di nebulizzazione o umidificatori per aumentare l'umidità relativa dell'aria. Posizionare le piante su vassoi riempiti d'acqua con ghiaia può anche aiutare a aumentare l'umidità intorno alle piante, fornendo un microclima più umido.

Per affrontare i problemi di muffa e marciume delle radici causati da eccessiva umidità, è consigliabile rimuovere le piante dal terreno infetto, eliminare il terreno danneggiato e permettere alle radici di asciugare all'aria per un breve periodo prima di reimpiantare in un terreno nuovo e ben drenato. È importante anche assicurarsi che le piante siano coltivate in contenitori con un buon drenaggio e che il terreno sia cambiato regolarmente per prevenire l'accumulo di umidità stagnante.

In definitiva, la gestione dell'umidità è cruciale per il successo della coltivazione delle piante carnivore. Monitorare attentamente l'umidità dell'aria e del terreno, identificare prontamente e risolvere eventuali problemi legati all'umidità e adottare le misure preventive adeguate può aiutare a garantire che le piante carnivore crescano in un ambiente ottimale per la loro salute e vitalità.

XII. Trapianto e Riproduzione

1. Preparazione delle Piante per il Trapianto

Prima di procedere con il trapianto delle piante carnivore, è fondamentale prepararle adeguatamente per garantire il successo del processo e minimizzare lo stress subito dalle piante durante il trasferimento. La preparazione accurata delle piante contribuisce a ridurre il rischio di danneggiare le radici e favorisce una rapida ripresa dopo il trapianto. Ecco alcuni passaggi essenziali da seguire per preparare le piante prima del trapianto:

1. **Valutazione dello Stato di Salute:** Prima di iniziare il processo di trapianto, è importante valutare lo stato di salute delle piante. Ispezionare attentamente foglie, steli e radici per individuare eventuali segni di malattie, parassiti o danni.

2. **Idratazione Adeguata:** Assicurarsi che le piante siano ben idratate prima del trapianto. Innaffiare abbondantemente alcuni giorni prima del trasferimento per garantire che il terreno sia umido e che le piante abbiano riserve idriche adeguate.

3. **Pulizia delle Foglie e Rimozione di Parti Danneggiate:** Rimuovere delicatamente eventuali residui di sporco, polvere o insetti dalle foglie utilizzando un getto d'acqua tiepida o un panno morbido. Tagliare eventuali foglie o parti danneggiate per favorire una crescita sana e ridurre il rischio di infezioni.

4. **Assestamento delle Radici:** Se le piante sono state coltivate in vasi stretti o hanno radici molto fitte, è consigliabile assestare leggermente le radici prima del trapianto. Questo può essere fatto massaggiando delicatamente il substrato intorno alle radici per liberarle e stimolarne la crescita.

5. **Trattamento Preventivo contro Parassiti e Malattie:** Prima del trapianto, è opportuno applicare eventuali trattamenti preventivi per proteggere le piante da parassiti e malattie. Ciò può includere l'uso di insetticidi o fungicidi naturali o chimici, a seconda delle esigenze specifiche delle piante e delle condizioni ambientali.

6. **Scelta del Momento Ottimale:** Scegliere il momento migliore per effettuare il trapianto in base alle esigenze specifiche delle piante e alle condizioni meteorologiche. Evitare di trapiantare durante le ore più calde della giornata o in presenza di vento forte per ridurre lo stress sulle piante.

Seguendo attentamente questi passaggi di preparazione, è possibile garantire che le piante siano pronte per affrontare con successo il trapianto e che possano continuare a crescere e prosperare nel nuovo ambiente.

2. Tecniche di Trapianto per Piante Carnivore

Il trapianto delle piante carnivore richiede precisione e cura per assicurare una transizione senza problemi e favorire una rapida ripresa delle piante nel nuovo ambiente. Ecco alcune tecniche essenziali da seguire per un trapianto efficace:

1. **Scelta del Contenitore Adeguato:** Prima di tutto, selezionare un contenitore adatto alle dimensioni e alle esigenze specifiche della pianta carnivora. Assicurarsi che il contenitore abbia fori di drenaggio per evitare ristagni d'acqua e favorire una corretta aerazione del terreno.

2. **Preparazione del Terreno:** Preparare un substrato adeguato per le piante carnivore, assicurandosi che sia ben drenante e ricco di sostanze nutritive. Utilizzare miscele di torba, sabbia, perlite e muschio di sfagno, aggiungendo eventualmente sostanze organiche come corteccia decomposta o vermiculite per migliorarne la struttura e la fertilità.

3. **Rimuovere con Cura dalla Vasca:** Per il trapianto da vasca o vaso, rimuovere con cura la pianta dal contenitore originale. Utilizzare le mani o uno strumento appuntito per separare le radici dal terreno, facendo attenzione a non danneggiarle.

4. **Esaminare e Potare le Radici:** Una volta rimossa dalla vasca, esaminare attentamente le radici della pianta carnivora. Rimuovere eventuali radici danneggiate, secche o malate utilizzando forbici pulite e affilate. Tagliare anche eventuali radici lunghe o avvolte per favorire una migliore crescita nel nuovo substrato.

5. **Posizionamento nel Nuovo Contenitore:** Posizionare delicatamente la pianta nel nuovo contenitore preparato, facendo attenzione a distribuire uniformemente le radici nel terreno. Assicurarsi che la pianta sia centrata e posizionata alla giusta profondità, con il livello del terreno che corrisponde al livello del terreno originale della pianta.

6. **Completare con Terreno Fresco:** Una volta posizionata la pianta nel nuovo contenitore, riempire gradualmente lo spazio intorno alle radici con terreno fresco, compattandolo leggermente per garantire una buona aderenza delle radici al terreno.

7. **Annaffiatura e Cure Post-Trapianto:** Dopo il trapianto, annaffiare abbondantemente la pianta carnivora per garantire una corretta idratazione e aiutarla a stabilizzarsi nel nuovo terreno. Evitare l'esposizione diretta alla luce solare intensa per alcuni giorni dopo il trapianto per ridurre lo stress sulla pianta.

Seguendo attentamente queste tecniche di trapianto, è possibile garantire una transizione senza problemi per le piante carnivore e favorire una crescita sana e vigorosa nel nuovo ambiente.

3. Riproduzione per Seme: Procedure e Suggerimenti

La riproduzione per seme è uno dei modi più affascinanti e gratificanti per coltivare nuove piante carnivore e ampliare la propria collezione. Tuttavia, è importante seguire procedure specifiche e tenere conto di alcuni suggerimenti chiave per massimizzare le possibilità di successo. Ecco una guida dettagliata su come procedere con la riproduzione per seme:

1. **Selezione dei Semi:** Per iniziare, assicurarsi di utilizzare semi freschi e di alta qualità provenienti da fonti affidabili. I semi delle piante carnivore possono essere raccolti da piante mature o acquistati da fornitori specializzati. Verificare che i semi siano freschi e che non siano stati esposti a condizioni che potrebbero comprometterne la germinazione.

2. **Preparazione del Terreno:** Preparare un substrato adatto per la semina, utilizzando una miscela ben drenante e ricca di sostanze nutritive. Si consiglia una combinazione di torba, perlite e sabbia o vermiculite. Assicurarsi che il terreno sia sterilizzato per evitare la proliferazione di patogeni che potrebbero danneggiare i semi e le giovani piantine.

3. **Semina dei Semi:** Una volta preparato il terreno, distribuire i semi uniformemente sulla superficie del terreno. È importante non coprire troppo i semi con il terreno, in quanto molte specie di piante carnivore richiedono luce per la germinazione. È possibile premere leggermente i semi nel terreno per garantire un buon contatto con il substrato.

4. **Irrigazione Adeguata:** Mantenere il terreno costantemente umido durante il processo di germinazione. Utilizzare un nebulizzatore o una siringa per innaffiare delicatamente il terreno senza disturbare i semi. Evitare l'eccessiva irrigazione che potrebbe causare il marciume delle radici.

5. **Fornire Condizioni Ottimali:** Posizionare i vasi o i vassoi di semi in un luogo luminoso, ma evitare l'esposizione diretta alla luce solare intensa, che potrebbe surriscaldare il terreno e danneggiare i semi. Mantenere una temperatura costante e moderata intorno ai 20-25°C per favorire una germinazione uniforme e rapida.

6. **Monitoraggio Costante:** Monitorare attentamente i vasi o i vassoi di semi per controllare l'umidità del terreno e osservare l'eventuale comparsa di germogli. Potrebbe essere necessario aggiungere acqua periodicamente per mantenere il terreno umido, ma evitare l'eccesso di irrigazione che potrebbe causare il marciume delle radici.

Seguendo queste procedure e tenendo conto dei suggerimenti forniti, è possibile aumentare significativamente le probabilità di successo nella riproduzione per seme delle piante carnivore, ottenendo nuove e affascinanti piante da aggiungere alla propria collezione.

4. Propagazione per Divisione: Passaggi Essenziali

La propagazione per divisione è un metodo efficace per moltiplicare le piante carnivore esistenti e ottenere nuovi esemplari sani e vigorosi. Questo processo comporta la divisione di una pianta madre in più parti, ciascuna delle quali può svilupparsi in una pianta completamente nuova. Ecco i passaggi essenziali per la propagazione per divisione:

1. **Selezione della Pianta Madre:** Prima di tutto, selezionare una pianta madre sana e robusta da cui prelevare i getti per la divisione. Assicurarsi che la pianta madre abbia radici sane e abbondanti e che sia in buona salute generale.

2. **Preparazione degli Attrezzi:** Prima di iniziare il processo di divisione, assicurarsi di avere a disposizione tutti gli attrezzi necessari, inclusi coltelli affilati e sterilizzati, forbici per potatura e contenitori per le nuove piantine.

3. **Estrazione delle Divisioni:** Con molta attenzione, estraete la pianta madre dal vaso o dal terreno. Successivamente, dividete la pianta madre in parti più piccole, assicurandovi che ciascuna divisione abbia almeno una porzione di radice e una porzione di fogliame.

4. **Trattamento delle Divisioni:** Dopo aver diviso la pianta madre, esaminare attentamente ciascuna divisione per individuare eventuali danni o malattie. Se necessario, tagliare eventuali parti danneggiate o malate con un coltello sterilizzato per evitare la propagazione di problemi.

5. **Trapianto delle Divisioni:** Trapiantare immediatamente le divisioni in vasi o contenitori separati, riempiendo con cura ciascun contenitore con un substrato ben drenante e adatto alle esigenze specifiche della specie. Assicurarsi di innaffiare bene le nuove piantine dopo il trapianto per stabilizzare le radici e promuovere una rapida ripresa.

6. **Cura Post-Trapianto:** Dopo il trapianto, posizionare le nuove piantine in un luogo luminoso ma protetto dal sole diretto. Mantenere il terreno costantemente umido ma non inzuppato e evitare di disturbare le radici mentre si stabilizzano nel nuovo ambiente.

7. **Monitoraggio e Assistenza:** Monitorare attentamente le nuove piantine per le prime settimane dopo il trapianto, prestando particolare attenzione alla crescita delle radici e al vigore delle piante. Fornire assistenza aggiuntiva come concimazione leggera e protezione da eventuali condizioni meteorologiche avverse.

Seguendo questi passaggi essenziali, è possibile ottenere una propagazione di successo per divisione delle piante carnivore e godere di una crescente collezione di queste affascinanti e meravigliose piante.

5. Trapianto in Contenitori più Grandi: Linee Guida e Consigli

Trapiantare le piante carnivore in contenitori più grandi è un passaggio cruciale nel loro ciclo di crescita e cura. Questo processo può essere necessario quando le radici della pianta madre hanno esaurito lo spazio disponibile nel contenitore attuale, quando la pianta ha raggiunto una dimensione e un vigore che richiedono una maggiore stabilità del vaso o quando si desidera semplicemente promuovere una crescita più vigorosa. Ecco alcune linee guida e consigli da seguire durante il trapianto in contenitori più grandi:

1. **Scelta del Contenitore Adeguato:** Scegliere un contenitore che sia leggermente più grande del contenitore attuale della pianta, in modo da fornire spazio sufficiente per lo sviluppo delle radici e della parte aerea. Assicurarsi che il nuovo contenitore abbia fori di drenaggio adeguati per evitare ristagni d'acqua.

2. **Preparazione del Terreno:** Prima di trapiantare la pianta, preparare il terreno aggiungendo un substrato adatto alle esigenze specifiche della specie. Assicurarsi che il terreno sia ben drenante e ricco di nutrienti per sostenere la crescita sana delle radici.

3. **Rimuovere con Delicatezza la Pianta dal Contenitore Attuale:** Con molta attenzione, rimuovere la pianta dal suo contenitore attuale, facendo attenzione a non danneggiare le radici delicate. Se la pianta è ben radicata nel terreno, potrebbe essere necessario scomporre delicatamente le radici per consentire loro di espandersi nel nuovo contenitore.

4. **Posizionamento della Pianta nel Nuovo Contenitore:** Posizionare con cura la pianta nel nuovo contenitore, facendo attenzione a centrarla e ad aggiungere terreno intorno alle radici in modo uniforme. Assicurarsi che la pianta sia posizionata alla stessa profondità in cui era nel contenitore precedente.

5. **Compattazione e Irrigazione del Terreno:** Dopo aver trapiantato la pianta, compattare delicatamente il terreno intorno alle radici per eliminare eventuali bolle d'aria. Successivamente, irrigare abbondantemente la pianta per garantire che il terreno sia ben inumidito e che le radici possano stabilirsi rapidamente nel nuovo ambiente.

6. **Cura Post-Trapianto:** Dopo il trapianto, posizionare la pianta in un luogo luminoso ma protetto dal sole diretto per evitare stress eccessivo. Continuare a monitorare attentamente la pianta per le settimane successive, assicurandosi di mantenere il terreno costantemente umido e fornendo eventualmente concime leggero per sostenere la crescita.

Seguendo queste linee guida e consigli durante il trapianto in contenitori più grandi, è possibile promuovere una crescita sana e vigorosa delle piante carnivore e garantire il loro benessere a lungo termine.

XIII. Protezione dalle Malattie e dai Parassiti

1. Identificazione dei Principali Patogeni

Nel processo di protezione delle piante carnivore dalle malattie e dai parassiti, la prima fase cruciale è l'identificazione dei principali patogeni che possono minacciare la salute delle piante.

Questo richiede una conoscenza approfondita delle malattie fungine, batteriche e virali che possono colpire le piante carnivore, così come dei parassiti più comuni che possono infestare il loro habitat.

Tra i patogeni fungini più diffusi nelle piante carnivore si annoverano la muffa grigia (Botrytis cinerea), la muffa bianca (Sclerotinia spp.), e la muffa nera (Alternaria spp.). Questi funghi possono causare marciume delle radici, macchie fogliari e altri danni alle piante.

Le malattie batteriche possono essere rappresentate da batteri come Xanthomonas spp. e Pseudomonas spp., che possono causare necrosi tissutale e deperimento delle piante.

Inoltre, i virus, sebbene meno comuni, possono infettare le piante carnivore e causare una varietà di sintomi, tra cui deformità fogliari e riduzione della crescita.

Per quanto riguarda i parassiti, è importante essere consapevoli di insetti come afidi, tripidi e acari che possono nutrirsi delle piante carnivore, danneggiandole direttamente o aprendo la strada a infezioni secondarie da parte di patogeni.

Riconoscere questi patogeni e parassiti è fondamentale per implementare strategie efficaci di prevenzione e controllo, garantendo la salute e la vitalità delle piante carnivore nel lungo termine.

2. Metodi di Prevenzione e Controllo delle Malattie

La prevenzione e il controllo delle malattie nelle piante carnivore richiedono l'implementazione di una serie di metodi e pratiche mirate. Innanzitutto, è fondamentale adottare misure preventive per ridurre al minimo il rischio di infezioni. Ciò include la promozione di un ambiente coltivativo sano e la pratica di una buona igiene delle piante.

Un aspetto cruciale è mantenere puliti gli strumenti da giardinaggio, come forbici e vasi, per evitare la trasmissione di patogeni da una pianta all'altra. Inoltre, è consigliabile evitare l'eccessiva umidità stagnante intorno alle piante, poiché ciò può favorire la proliferazione di muffe e batteri dannosi.

Una strategia preventiva efficace è anche quella di selezionare varietà resistenti alle malattie quando si acquistano nuove piante carnivore. Alcuni coltivatori preferiscono anche isolare le nuove piante per un periodo di quarantena prima di integrarle nel loro ambiente coltivativo principale, al fine di evitare l'introduzione di patogeni sconosciuti.

Per quanto riguarda il controllo delle malattie già presenti, possono essere adottati diversi approcci. Tra questi, l'uso di fungicidi e battericidi specifici può essere considerato in caso di infezioni gravi. Tuttavia, è importante utilizzare questi prodotti con cautela e secondo le istruzioni del produttore, poiché possono essere dannosi per le piante se utilizzati in modo improprio.

In alternativa, l'impiego di rimedi naturali come estratti di aglio o oli essenziali può essere una soluzione più sicura ed ecocompatibile per il controllo delle malattie fungine e batteriche. Questi rimedi possono essere applicati tramite spruzzatura sulle piante interessate, seguendo le dosi consigliate.

In generale, una gestione integrata delle malattie, che combina pratiche preventive, monitoraggio regolare e interventi mirati quando necessario, è la chiave per mantenere le piante carnivore in salute e prosperose nel lungo termine.

3. Strategie per la Difesa dai Parassiti Comuni

Nel contesto della coltivazione delle piante carnivore, la difesa dai parassiti comuni rappresenta una sfida importante che richicdc l'implcmcntazionc di diverse strategie mirate. Uno dei parassiti più diffusi è rappresentato dagli acari, piccoli aracnidi che possono danneggiare le foglie e le radici delle piante. Per prevenire e controllare le infestazioni da acari, è consigliabile mantenere un'adeguata umidità ambientale e controllare regolarmente le piante per individuare segni di infestazione precoce.

Altri parassiti comuni includono afidi, cocciniglie e tripidi, che possono causare danni significativi alle piante carnivore se non controllati tempestivamente. Una strategia efficace per difendersi da questi parassiti è l'uso di insetticidi naturali a base di oli vegetali o estratti di piante. Questi prodotti possono essere applicati direttamente sulle piante interessate o utilizzati preventivamente per proteggere le piante sane.

Un altro approccio consiste nell'attrarre predatori naturali dei parassiti, come coccinelle e mantidi religiose, nel giardino. Questi insetti predatori si nutrono di afidi e altri parassiti, contribuendo così a mantenere sotto controllo le popolazioni dannose. Per promuovere la presenza di questi predatori, è possibile piantare fiori ricchi di nettare e fornire loro rifugi, come piante rampicanti o strutture di legno.

Inoltre, è importante adottare pratiche di gestione integrata dei parassiti, che includono la rotazione delle colture, la rimozione delle piante infette e l'isolamento delle piante gravemente danneggiate. Queste misure aiutano a interrompere il ciclo di vita dei parassiti e a prevenire la diffusione delle infestazioni.

Infine, la pulizia regolare degli utensili da giardinaggio e dei contenitori delle piante può contribuire a ridurre il rischio di trasmissione dei parassiti da una pianta all'altra. È consigliabile utilizzare detergenti naturali o disinfettanti a base di alcol per pulire gli strumenti e i materiali utilizzati nella coltivazione delle piante carnivore.

In sintesi, una combinazione di pratiche preventive, trattamenti mirati e gestione integrata dei parassiti è essenziale per difendere con successo le piante carnivore dai parassiti comuni e mantenere un ambiente coltivativo sano e prospero.

4. Trattamenti Naturali e Biologici contro le Infezioni

Nella lotta contro le infezioni che possono minacciare la salute delle piante carnivore, l'impiego di trattamenti naturali e biologici rappresenta un'opzione vantaggiosa per coloro che desiderano evitare l'uso di sostanze chimiche aggressive e nocive per l'ambiente.

Tra i trattamenti naturali più efficaci contro le infezioni fungine, uno dei più comuni è l'applicazione di estratti di piante con proprietà antifungine, come l'aglio, il timo e il neem. Queste piante contengono composti naturali in grado di contrastare la crescita dei funghi patogeni senza danneggiare le piante carnivore. Gli estratti possono essere preparati in casa o acquistati in commercio e diluiti secondo le indicazioni riportate sull'etichetta.

Un altro trattamento naturale contro le infezioni fungine è l'utilizzo di bicarbonato di sodio, che agisce creando un ambiente sfavorevole per la crescita dei funghi. Una soluzione diluita di bicarbonato di sodio può essere spruzzata sulle piante interessate per prevenire o trattare le infezioni fungine in modo sicuro ed efficace.

Per quanto riguarda le infezioni batteriche, l'applicazione di composti a base di microrganismi benefici può essere estremamente utile. I batteri e i funghi benefici competono con i patogeni per le risorse e producono sostanze antimicrobiche che aiutano a contrastare le infezioni. Tra i prodotti disponibili sul mercato, i batteri del genere Bacillus e i microrganismi del genere Trichoderma sono particolarmente noti per le loro proprietà protettive e curative.

Un altro trattamento biologico ampiamente utilizzato è l'impiego di estratti di alghe marine, come l'alga Ascophyllum nodosum, ricca di sostanze nutritive e composti bioattivi che stimolano il sistema immunitario delle piante carnivore e migliorano la loro resistenza alle malattie.

Infine, è importante sottolineare l'importanza della prevenzione attraverso una corretta gestione culturale, che include la promozione di condizioni ambientali ottimali, una corretta esposizione alla luce, un'adeguata ventilazione e un'irrigazione moderata. Mantenere le piante carnivore in salute e in equilibrio con il proprio ambiente è fondamentale per prevenire le infezioni e ridurre la necessità di interventi curativi.

5. Monitoraggio e Intervento Tempestivo per la Salute delle Piante

Il monitoraggio costante della salute delle piante carnivore è fondamentale per individuare tempestivamente segni di malattie o infestazioni da parassiti e intervenire prontamente per limitarne gli effetti negativi. Esistono diverse tecniche e strumenti che possono essere impiegati per questo scopo, permettendo ai coltivatori di mantenere le loro piante in condizioni ottimali.

Uno dei metodi più efficaci per monitorare lo stato di salute delle piante è l'ispezione visiva regolare. Questo processo consiste nell'osservare attentamente ogni singola pianta, esaminando foglie, fusti, radici e trappole per individuare eventuali segni di deterioramento, macchie, muffe o presenza di parassiti. L'ispezione dovrebbe essere effettuata con regolarità, preferibilmente ogni settimana o comunque ogni volta che si presta cura alle piante.

In aggiunta all'ispezione visiva, è consigliabile utilizzare strumenti diagnostici come l'uso di lenti d'ingrandimento o microscopi per osservare da vicino eventuali segni di malattie o parassiti che potrebbero non essere visibili a occhio nudo. Questi strumenti consentono di identificare dettagliatamente i problemi e di adottare interventi mirati.

Oltre all'osservazione diretta, è possibile impiegare tecniche non invasive per monitorare la salute delle piante, come l'uso di trappole adesive per catturare parassiti volanti o l'installazione di sensori di umidità nel terreno per valutare l'idratazione delle radici. Questi strumenti forniscono dati quantitativi che possono essere utilizzati per valutare lo stato di salute delle piante e adottare misure correttive.

Una volta individuati segni di malattie o infestazioni da parassiti, è essenziale intervenire tempestivamente per limitare i danni. Le azioni correttive possono includere l'isolamento delle piante infette per prevenire la diffusione delle malattie, la rimozione manuale dei parassiti o delle parti danneggiate della pianta, l'applicazione di trattamenti curativi come fungicidi o insetticidi naturali e l'ottimizzazione delle condizioni ambientali per favorire la ripresa della pianta.

In conclusione, un monitoraggio regolare e un intervento tempestivo sono fondamentali per garantire la salute e il benessere delle piante carnivore. Adottando una serie di tecniche di monitoraggio e intervento, i coltivatori possono prevenire o limitare i danni causati da malattie e parassiti, assicurando che le loro piante crescano robuste e vitali.

XIV. Nutrizione e Alimentazione

1. Esigenze Nutrizionali delle Piante Carnivore

Le piante carnivore, con la loro straordinaria capacità di catturare e digerire piccoli insetti e altri organismi per integrare la loro dieta, rappresentano un'eccezione unica nel regno vegetale. Tuttavia, nonostante questa abilità distintiva, queste piante hanno ancora esigenze nutrizionali fondamentali che devono essere soddisfatte per garantire una crescita ottimale e una salute robusta.

Queste piante sono adattate a habitat spesso caratterizzati da suoli poveri di nutrienti, dove hanno sviluppato una serie di strategie per trarre vantaggio dall'assorbimento di sostanze nutritive derivanti dalla decomposizione delle loro prede. Nonostante questa capacità di integrare la loro dieta con nutrienti provenienti da fonti animali, è importante sottolineare che le piante carnivore non si affidano esclusivamente all'alimentazione insettivora e hanno ancora bisogno di nutrienti essenziali che potrebbero non essere presenti in quantità sufficienti nel terreno circostante.

In questo paragrafo, esploreremo in dettaglio le esigenze nutrizionali specifiche delle piante carnivore, analizzando i diversi nutrienti di cui necessitano e come possono essere forniti in modo ottimale per garantire la loro salute e vitalità. Dalla quantità di azoto alla presenza di minerali chiave come potassio, calcio e magnesio, ogni nutriente svolge un ruolo cruciale nel sostenere le funzioni vitali delle piante carnivore, dalla fotosintesi alla produzione di nuovi tessuti.

Capire le esigenze nutrizionali delle piante carnivore è essenziale per i coltivatori e gli appassionati che desiderano coltivare con successo queste piante uniche. Dalla selezione del substrato alla scelta del fertilizzante, ogni decisione influisce sulla capacità delle piante carnivore di prosperare nel loro ambiente. Allo stesso tempo, è importante bilanciare attentamente l'apporto di nutrienti per evitare sovradosaggi o carenze, che potrebbero compromettere la salute delle piante e influenzare negativamente la loro capacità di catturare e digerire le prede.

Esaminando da vicino le esigenze nutrizionali delle piante carnivore, possiamo sviluppare pratiche di cura e coltivazione più efficaci, garantendo che queste meraviglie della natura possano continuare a incantare e ispirare gli appassionati di piante di tutto il mondo.

2. Ruolo delle Proteine nell'Alimentazione delle Piante Carnivore

Le proteine svolgono un ruolo fondamentale nell'alimentazione delle piante carnivore, contribuendo a sostenere molte delle loro funzioni vitali e influenzando direttamente la loro crescita e sviluppo. Questi nutrienti sono essenziali per la formazione di nuovi tessuti, la sintesi di enzimi e altre proteine necessarie per la digestione delle prede e la risposta agli stimoli ambientali.

Nel contesto delle piante carnivore, le proteine sono particolarmente cruciali per il funzionamento dei loro meccanismi di cattura e digestione delle prede. Le ghiandole secretorie presenti sulle foglie di molte specie di piante carnivore producono enzimi proteolitici, che sono in grado di scomporre le proteine delle prede in peptidi e amminoacidi facilmente assimilabili. Questi amminoacidi sono quindi utilizzati dalla pianta per la sintesi di nuove proteine, contribuendo alla crescita e al mantenimento della struttura cellulare.

Inoltre, le proteine svolgono un ruolo importante nel trasporto di nutrienti all'interno della pianta, agendo come trasportatori attraverso le membrane cellulari e nei vasi conduttori del floema. Questo processo di trasporto è essenziale per garantire che i nutrienti assorbiti dalle radici o prodotti dalla digestione delle prede possano essere distribuiti in modo efficace a tutte le parti della pianta, consentendo una crescita uniforme e una risposta ottimale agli stimoli ambientali.

Le proteine sono anche coinvolte nella risposta alle condizioni ambientali avverse e allo stress biotico, contribuendo alla difesa della pianta contro patogeni, parassiti e altri organismi dannosi. Le proteine coinvolte nella risposta immunitaria delle piante carnivore possono agire come agenti antimicrobici, inibendo la crescita dei patogeni, o come proteine di riconoscimento, che rilevano la presenza di organismi estranei e attivano una risposta difensiva.

Comprensione del ruolo delle proteine nell'alimentazione delle piante carnivore è fondamentale per sviluppare strategie di nutrizione mirate che garantiscano il loro benessere ottimale. Tuttavia, è importante notare che mentre le proteine sono essenziali per la crescita e lo sviluppo delle piante carnivore, un eccesso di proteine nella dieta potrebbe portare a squilibri nutrizionali o problemi di salute. Pertanto, è fondamentale garantire un apporto bilanciato di proteine insieme ad altri nutrienti essenziali per promuovere una crescita sana e una prosperità duratura delle piante carnivore.

3. Assorbimento dei Minerali: Processi e Meccanismi

L'assorbimento dei minerali è un processo fondamentale per le piante carnivore, poiché fornisce loro i nutrienti essenziali necessari per la crescita, lo sviluppo e la salute generale. Questi minerali, noti anche come nutrienti inorganici, sono assorbiti principalmente dalle radici delle piante carnivore attraverso un complesso processo che coinvolge diversi meccanismi e adattamenti fisiologici.

Uno dei principali meccanismi di assorbimento dei minerali è l'assorbimento radicale, in cui le radici delle piante carnivore assorbono attivamente i minerali presenti nel terreno circostante. Questo processo è mediato da una serie di proteine di trasporto presenti sulla membrana delle cellule radicali, che consentono il passaggio selettivo dei minerali attraverso la membrana cellulare e all'interno della pianta. Queste proteine di trasporto sono regolate da una serie di fattori, tra cui la concentrazione dei minerali nel suolo, il pH del terreno e la disponibilità di acqua.

Inoltre, le piante carnivore possono anche assorbire minerali attraverso meccanismi di scambio ionico, in cui determinati ioni minerali sono scambiati con altri ioni presenti nel suolo. Questo processo è particolarmente importante in terreni poveri di nutrienti, dove le piante carnivore devono adattarsi per ottenere i nutrienti di cui hanno bisogno per sopravvivere. Gli ioni minerali assorbiti vengono quindi trasportati attraverso il sistema vascolare della pianta, distribuendoli alle diverse parti della pianta dove sono necessari per sostenere le varie funzioni vitali.

Oltre all'assorbimento radicale, le piante carnivore possono anche assorbire minerali attraverso altri meccanismi, come l'assorbimento fogliare. In questo caso, i minerali possono essere assorbiti direttamente attraverso le foglie, specialmente in condizioni di elevata umidità atmosferica o in presenza di nebbie e rocce umide. Questo meccanismo può essere particolarmente importante per le piante carnivore che vivono in habitat con terreni poveri di nutrienti, dove l'assorbimento fogliare può fornire loro un'ulteriore fonte di sostentamento nutrizionale.

In generale, l'assorbimento dei minerali è un processo dinamico e altamente regolato che consente alle piante carnivore di ottenere i nutrienti di cui hanno bisogno per sopravvivere e prosperare nei loro habitat spesso ostili. Comprendere i diversi meccanismi e adattamenti coinvolti nell'assorbimento dei minerali è essenziale per fornire alle piante carnivore le condizioni ottimali per una crescita sana e una vita longeva.

4. Importanza delle Vitamine per la Salute delle Piante Carnivore

Le vitamine svolgono un ruolo cruciale nella salute delle piante carnivore, anche se spesso non vengono considerate al pari dei macro e micronutrienti più comunemente discussi. Tuttavia, queste molecole organiche sono essenziali per molte funzioni vitali delle piante, comprese reazioni metaboliche, protezione contro lo stress ossidativo e regolazione dello sviluppo e della crescita.

Le vitamine sono coinvolte in una vasta gamma di processi biochimici all'interno delle piante carnivore. Ad esempio, le vitamine del gruppo B, come la tiamina (B1), la riboflavina (B2), la niacina (B3) e l'acido pantotenico (B5), sono coinvolte nel metabolismo energetico, agendo come coenzimi in varie reazioni di trasferimento di gruppi funzionali durante la respirazione cellulare e la fotosintesi. Queste vitamine sono fondamentali per l'ottenimento dell'energia necessaria per il metabolismo e la crescita delle piante carnivore.

Inoltre, le vitamine svolgono un ruolo chiave nella difesa delle piante carnivore contro lo stress ossidativo. Le vitamine antiossidanti, come la vitamina C (acido ascorbico) e la vitamina E (tocoferolo), aiutano a proteggere le cellule vegetali dai danni causati dai radicali liberi, che possono essere generati durante processi metabolici o in risposta a fattori di stress ambientale come la luce intensa o la temperatura elevata. Mantenere livelli adeguati di vitamine antiossidanti è cruciale per preservare l'integrità strutturale e funzionale delle cellule delle piante carnivore.

Inoltre, alcune vitamine svolgono un ruolo importante nella regolazione della crescita e dello sviluppo delle piante carnivore. Ad esempio, la vitamina A è coinvolta nella regolazione della fotosintesi e della crescita cellulare, mentre la vitamina K è necessaria per la sintesi di proteine coinvolte nella coagulazione del sangue e nella regolazione dello sviluppo delle piante. Assicurarsi che le piante carnivore ricevano una quantità sufficiente di vitamine è essenziale per sostenere una crescita sana e un metabolismo ottimale.

In conclusione, le vitamine svolgono un ruolo fondamentale nella salute e nel benessere delle piante carnivore, fornendo supporto per una vasta gamma di processi metabolici, difesa contro lo stress e regolazione della crescita. Assicurarsi che le piante ricevano una dieta equilibrata e variegata che includa vitamine essenziali è cruciale per mantenere la loro salute e vitalità nel lungo termine.

5. Alimentazione Alternativa: Opzioni oltre agli Insetti

Quando si tratta di nutrire le piante carnivore, spesso ci si concentra esclusivamente sugli insetti come principale fonte di nutrimento. Tuttavia, esistono alternative nutrienti che possono essere considerate per fornire agli esemplari vegetali una dieta bilanciata e variegata, soprattutto in situazioni in cui la cattura di insetti potrebbe essere limitata o inadeguata.

Una delle opzioni più comunemente esplorate è l'alimentazione con sostanze nutritive liquide. Le piante carnivore, come le Nepenthes, sono ben note per la loro capacità di catturare e digerire non solo insetti, ma anche piccoli vertebrati e materiale organico disciolto presente nell'acqua piovana che si accumula nelle loro urne. Tuttavia, queste piante possono anche beneficiare dell'integrazione della loro dieta con soluzioni nutrienti specificamente formulate. Queste soluzioni possono contenere una vasta gamma di nutrienti, tra cui azoto, fosforo, potassio e altri micronutrienti essenziali, che possono essere assorbiti direttamente dalle radici o dalle foglie delle piante.

Un'altra opzione da considerare è l'alimentazione con insetti congelati o morti. Anche se le piante carnivore sono adattate alla cattura di prede vive, possono anche tollerare e beneficiare dell'assunzione di insetti precedentemente congelati o uccisi. Questo approccio può essere particolarmente utile per i coltivatori che desiderano evitare di introdurre insetti vivi nella loro casa o giardino, o per coloro che hanno difficoltà a reperire insetti freschi in determinati periodi dell'anno.

Inoltre, alcune piante carnivore possono essere nutrite con alimenti alternativi come piccoli pezzi di carne o pesce crudo, uova crude o formaggio. Sebbene questi alimenti non siano naturali per le piante carnivore e potrebbero non fornire tutti i nutrienti necessari, possono essere utilizzati occasionalmente come fonte di sostentamento aggiuntiva. Tuttavia, è importante fare attenzione a non sovralimentare le piante con cibi non adatti, poiché ciò potrebbe portare a problemi di decomposizione e marciume radicale.

Infine, è possibile esplorare l'uso di integratori alimentari specificamente formulati per piante carnivore. Questi prodotti possono contenere una combinazione ottimizzata di nutrienti essenziali, vitamine e minerali, progettati per soddisfare le esigenze nutrizionali specifiche di queste piante. Prima di utilizzare qualsiasi tipo di integratore alimentare, è consigliabile leggere attentamente le istruzioni del produttore e consultare eventualmente un esperto di coltivazione delle piante carnivore.

In conclusione, mentre gli insetti rimangono la fonte di nutrimento primaria per le piante carnivore, esistono diverse opzioni alternative che possono essere esplorate per garantire una dieta bilanciata e variegata. Tuttavia, è importante sperimentare con cautela e monitorare attentamente la risposta delle piante per garantire che ricevano tutti i nutrienti di cui hanno bisogno per prosperare.

6. Gestione delle Diete: Consigli pratici per i Coltivatori

La gestione delle diete per le piante carnivore richiede attenzione e cura per garantire che ricevano tutti i nutrienti di cui hanno bisogno senza sovraccaricarle o danneggiarle. Ecco alcuni consigli pratici per i coltivatori che desiderano mantenere una dieta equilibrata per le loro piante carnivore:

1. **Monitoraggio costante:** È fondamentale monitorare attentamente la salute e le esigenze delle piante carnivore. Osserva attentamente il loro aspetto, la crescita e il comportamento per individuare segni di sottoalimentazione o sovra-alimentazione.

2. **Varietà nell'alimentazione:** Offri una varietà di alimenti per garantire che le piante ricevano una gamma completa di nutrienti. Oltre agli insetti, considera di integrare la loro dieta con altre opzioni come sostanze nutrienti liquide, insetti congelati o morti e alimenti alternativi come carne cruda o formaggio.

3. **Frequenza di alimentazione:** Non esagerare con l'alimentazione delle piante carnivore. Troppi nutrienti possono causare problemi come la decomposizione dei materiali organici o il marciume radicale. Segui le indicazioni specifiche per ciascuna specie e adatta la frequenza di alimentazione in base alle esigenze individuali delle piante.

4. **Alimentazione stagionale:** Considera le variazioni stagionali nelle esigenze nutrizionali delle piante carnivore. Ad esempio, durante i periodi di crescita attiva, potrebbero richiedere una maggiore quantità di nutrienti rispetto ai periodi di dormienza.

5. **Integrazione con fertilizzanti:** Se necessario, puoi integrare l'alimentazione delle piante carnivore con l'uso di fertilizzanti specificamente formulati per loro. Tuttavia, fai attenzione a non sovra-alimentare le piante e segui le istruzioni del produttore con cura.

6. **Acqua di qualità:** Assicurati di utilizzare acqua di qualità per l'alimentazione delle piante carnivore. L'acqua piovana o l'acqua distillata sono opzioni ideali poiché non contengono minerali in eccesso che potrebbero danneggiare le radici delle piante.

7. **Esperimenti controllati:** Se desideri sperimentare con nuove fonti di alimentazione o integratori, fallo in modo controllato e monitora attentamente la risposta delle piante. Osserva eventuali cambiamenti nella salute e nella crescita e apporta modifiche di conseguenza.

Seguendo questi consigli pratici e prestando attenzione alle esigenze individuali delle piante carnivore, sarai in grado di gestire con successo le loro diete e promuovere una crescita sana e vigorosa.

7. Supplementi Nutrizionali: Ottimizzazione dell'Assorbimento dei Nutrienti

I supplementi nutrizionali possono essere utili strumenti per ottimizzare l'assorbimento dei nutrienti nelle piante carnivore, garantendo che ricevano tutti gli elementi essenziali per una crescita sana e vigorosa. Ecco alcuni consigli pratici per l'uso di supplementi nutrizionali e per massimizzarne l'efficacia:

1. **Conoscere le esigenze specifiche:** Prima di aggiungere qualsiasi supplemento, è importante comprendere le esigenze specifiche delle piante carnivore che si coltivano. Ogni specie può avere requisiti diversi in termini di nutrienti, quindi è essenziale effettuare ricerche approfondite o consultare fonti affidabili per identificare le necessità specifiche.

2. **Selezione dei supplementi:** Esistono diversi tipi di supplementi nutrizionali disponibili sul mercato, tra cui fertilizzanti liquidi, granulari o in forma di bastoncini. Scegli il tipo di supplemento più adatto alle esigenze delle tue piante carnivore e assicurati che contenga una gamma completa di nutrienti essenziali, inclusi azoto, fosforo, potassio e microelementi.

3. **Dosaggio corretto:** Segui attentamente le istruzioni del produttore per quanto riguarda il dosaggio e la frequenza di utilizzo dei supplementi. Un dosaggio eccessivo può causare danni alle piante, mentre un dosaggio insufficiente potrebbe non fornire loro abbastanza nutrienti. Inoltre, considera di diluire il supplemento con acqua per evitare concentrazioni troppo elevate che potrebbero bruciare le radici delle piante.

4. **Applicazione mirata:** Applica i supplementi direttamente sul terreno circostante le radici delle piante carnivore per massimizzarne l'assorbimento. Evita di spruzzare i supplementi direttamente sul fogliame, poiché potrebbe causare bruciature o danni alle foglie.

5. **Integrazione con l'alimentazione:** I supplementi nutrizionali non dovrebbero sostituire completamente l'alimentazione naturale delle piante carnivore, ma piuttosto integrarla. Continua ad offrire loro una varietà di prede viventi o alimenti alternativi insieme all'uso dei supplementi per garantire una dieta equilibrata.

6. **Monitoraggio dei risultati:** Osserva attentamente la risposta delle piante carnivore all'uso dei supplementi e fai eventuali regolazioni in base alle loro esigenze. Monitora la crescita, la salute e l'aspetto generale delle piante per valutare l'efficacia dei supplementi e apportare modifiche di conseguenza.

7. **Consultazione di esperti:** In caso di dubbi sull'uso dei supplementi nutrizionali o sull'interpretazione dei risultati, non esitare a consultare esperti o coltivatori esperti di piante carnivore. Possono fornire preziosi consigli e raccomandazioni personalizzate in base alle tue specifiche circostanze di coltivazione.

Seguendo questi consigli pratici e prendendo le giuste precauzioni, puoi utilizzare i supplementi nutrizionali in modo efficace per ottimizzare l'assorbimento dei nutrienti nelle tue piante carnivore e promuovere una crescita sana e robusta.

XV. Esposizione e Ambienti Interni vs. Esterni

1. Considerazioni sull'Esposizione Solare

Quando si tratta di coltivare piante carnivore, le considerazioni sull'esposizione solare sono fondamentali per garantire il loro sano sviluppo e la loro prosperità. Le piante carnivore, essendo originarie di habitat specifici come paludi, torbiere e foreste umide, hanno esigenze particolari di luce solare che devono essere soddisfatte per garantire la loro sopravvivenza e crescita ottimali.

Innanzitutto, è importante comprendere che le diverse specie di piante carnivore hanno esigenze di illuminazione variegate. Alcune preferiscono l'esposizione diretta al sole per gran parte della giornata, mentre altre prosperano meglio in aree con luce solare filtrata o parzialmente ombreggiate. Ad esempio, la Dionaea muscipula, comunemente conosciuta come trappola per moscerini o Venus Flytrap, e molte specie di Sarracenia beneficiano di almeno sei ore di luce solare diretta al giorno. D'altra parte, alcune specie di Nepenthes e Drosera crescono meglio con luce solare indiretta o filtrata per evitare il rischio di scottature alle foglie.

Un altro aspetto importante da considerare è l'intensità della luce solare. Mentre alcune piante carnivore tollerano bene luce solare intensa, altre possono soffrire di scottature o danni alle foglie se esposte a troppa luce diretta senza alcuna forma di protezione. Pertanto, è consigliabile valutare attentamente l'intensità della luce solare nelle diverse aree del giardino o della casa e posizionare le piante carnivore di conseguenza, magari utilizzando tende o pannelli ombreggianti per regolare l'esposizione.

Inoltre, è importante considerare la stagione e le variazioni nell'angolo del sole durante l'anno. Le piante carnivore possono richiedere un adattamento dell'esposizione solare a seconda delle stagioni per garantire un'illuminazione ottimale. Ad esempio, durante i mesi estivi, potrebbe essere necessario proteggere le piante dalla luce solare diretta eccessiva, mentre durante l'inverno potrebbero beneficiare di una maggiore esposizione al sole per favorire la fotosintesi e la crescita.

Infine, va considerato il microclima specifico dell'area in cui vengono coltivate le piante carnivore. Le condizioni ambientali locali, come l'umidità, la temperatura e la presenza di vento, possono influenzare significativamente le esigenze di illuminazione delle piante. Pertanto, è consigliabile monitorare attentamente tali fattori e regolare l'esposizione solare di conseguenza per garantire un ambiente ottimale per la crescita e la salute delle piante carnivore.

Considerare attentamente tutte queste variabili e adattare l'esposizione solare alle esigenze specifiche delle piante carnivore è essenziale per garantire il loro benessere e la loro prosperità a lungo termine. Prestare attenzione a tali dettagli può fare la differenza tra piante carnivore vigorose e rigogliose e piante che lottano per sopravvivere in un ambiente non adatto alle loro esigenze.

2. Adattamento delle Piante Carnivore agli Ambienti Interni

L'adattamento delle piante carnivore agli ambienti interni è un processo fondamentale per garantire il loro benessere e la loro sopravvivenza quando coltivate in vasi o terrari all'interno delle abitazioni. Le piante carnivore, essendo originarie di habitat specifici come torbiere e foreste umide, hanno esigenze ambientali particolari che devono essere soddisfatte per prosperare in ambienti chiusi.

Prima di tutto, è essenziale replicare le condizioni ambientali più simili possibile al loro habitat naturale. Questo include la gestione dell'illuminazione, dell'umidità, della temperatura e della ventilazione all'interno dell'ambiente in cui sono coltivate. Le piante carnivore hanno esigenze specifiche di luce solare, che possono essere soddisfatte posizionando i vasi vicino a finestre esposte al sole o utilizzando luci artificiali a spettro completo per fornire la quantità e la qualità di luce necessaria per la fotosintesi e la crescita ottimali.

Inoltre, l'umidità ambientale è un fattore critico da considerare quando si coltivano piante carnivore in ambienti interni. Poiché molte specie provengono da ambienti umidi, è importante mantenere un'adeguata umidità relativa intorno alle piante per evitare che le foglie si secchino o che si verifichino problemi di stress idrico. Ciò può essere raggiunto mediante l'utilizzo di vassoi di acqua sotto i vasi, l'utilizzo di umidificatori o la nebulizzazione regolare delle foglie.

La temperatura è un altro fattore da tenere in considerazione, poiché le piante carnivore prosperano meglio in condizioni di temperatura moderata. È importante evitare sbalzi di temperatura e mantenere un ambiente relativamente fresco, preferibilmente tra i 18°C e i 24°C durante il giorno e leggermente più fresco di notte.

Infine, la ventilazione è cruciale per garantire un flusso d'aria adeguato intorno alle piante e prevenire la formazione di muffe o altri problemi di salute delle piante. Assicurarsi che l'ambiente sia ben ventilato, ma evitare correnti d'aria dirette che potrebbero stressare le piante.

Adattare con cura queste variabili ambientali agli ambienti interni può contribuire significativamente al successo della coltivazione delle piante carnivore in casa. Prestare attenzione ai dettagli e regolare attentamente le condizioni ambientali può fare la differenza tra piante carnivore robuste e vigorose e piante che lottano per sopravvivere in ambienti non idonei alle loro esigenze specifiche.

3. Benefici e Sfide della Coltivazione Indoor

La coltivazione indoor offre una serie di vantaggi e sfide uniche per i coltivatori di piante carnivore. Uno dei principali vantaggi è il controllo più preciso dell'ambiente di crescita, consentendo ai coltivatori di ottimizzare le condizioni di luce, temperatura e umidità per le esigenze specifiche delle loro piante. Questo livello di controllo è particolarmente utile per le piante carnivore esotiche che richiedono condizioni climatiche particolari non facilmente replicabili negli ambienti esterni.

Inoltre, la coltivazione indoor consente ai coltivatori di proteggere le loro piante carnivore dalle condizioni meteorologiche avverse, come gelo, grandine o vento forte, che potrebbero danneggiare o addirittura distruggere le piante coltivate all'aperto. Questo è particolarmente importante per le specie più delicate che non tollerano temperature estreme o cambiamenti improvvisi nelle condizioni ambientali.

Tuttavia, ci sono anche sfide associate alla coltivazione indoor di piante carnivore. Una delle principali sfide è garantire un'adeguata illuminazione, poiché le piante carnivore hanno esigenze specifiche di luce per la fotosintesi e la crescita ottimale. Anche se è possibile utilizzare luci artificiali per fornire la luce necessaria, è importante scegliere le luci giuste e posizionarle correttamente per evitare problemi di crescita o bruciature delle foglie.

Un'altra sfida è rappresentata dalla gestione dell'umidità all'interno dell'ambiente di coltivazione. Poiché molte piante carnivore provengono da ambienti umidi, è essenziale mantenere un'adeguata umidità relativa intorno alle piante per evitare problemi di stress idrico o secchezza delle foglie. Tuttavia, un eccesso di umidità può anche favorire la crescita di muffe e funghi nocivi, quindi è importante trovare un equilibrio appropriato.

Infine, la gestione delle malattie e dei parassiti può essere più difficile in ambienti interni, poiché le condizioni controllate possono favorire lo sviluppo di patogeni e parassiti. È importante monitorare regolarmente le piante per segni di malattie o infestazioni di parassiti e intervenire tempestivamente con trattamenti appropriati per prevenire la diffusione e proteggere la salute delle piante.

In sintesi, la coltivazione indoor offre numerosi vantaggi per i coltivatori di piante carnivore, ma richiede anche attenzione e cura per affrontare con successo le sfide uniche associate a questo ambiente di crescita controllato. Con la giusta pianificazione e attenzione ai dettagli, è possibile ottenere risultati soddisfacenti nella coltivazione di piante carnivore all'interno.

4. Preparazione delle Piante per l'Esposizione Esterna

La preparazione delle piante carnivore per l'esposizione esterna è un processo critico che richiede cura e attenzione per garantire una transizione graduale e sicura dalle condizioni controllate all'interno agli ambienti esterni. Prima di esporre le piante carnivore all'aperto, è importante valutare attentamente le condizioni meteorologiche locali e scegliere il momento giusto per il trapianto. Idealmente, si dovrebbe optare per giornate nuvolose o parzialmente nuvolose con temperature moderate per ridurre al minimo lo stress da trapianto.

Prima del trapianto, le piante carnivore devono essere gradualmente abituate alla luce solare diretta. Questo processo, noto come indurimento, può essere fatto esponendo gradualmente le piante alla luce solare diretta per brevi periodi di tempo ogni giorno, aumentando gradualmente la durata dell'esposizione nel corso di una o due settimane. Questo aiuta le piante a sviluppare una maggiore resistenza alla luce solare intensa e riduce il rischio di danni da insolazione.

Inoltre, prima di trasferire le piante all'aperto, è consigliabile esaminare attentamente le condizioni del terreno e assicurarsi che sia ben drenato e fertile. Se necessario, è possibile arricchire il terreno con compost o fertilizzanti organici per migliorare la sua struttura e fornire alle piante i nutrienti necessari per una crescita sana.

Durante il trapianto, è importante maneggiare le radici con cura e assicurarsi che siano sistemate correttamente nel terreno per favorire una rapida ripresa. Dopo il trapianto, è consigliabile monitorare regolarmente le piante per garantire che si adattino bene alle nuove condizioni e intervenire tempestivamente in caso di segni di stress o danni.

Infine, è importante proteggere le piante carnivore dai predatori e dai parassiti una volta esposte all'aperto. Ciò può essere fatto utilizzando reti di protezione o repellenti naturali per tenere lontani insetti e animali nocivi. Con la giusta preparazione e cura, le piante carnivore possono prosperare anche negli ambienti esterni, offrendo una vista affascinante e contribuendo all'ecosistema circostante con la loro capacità di catturare insetti e piccoli organismi.

5. Protezione dalle Condizioni Ambientali Estreme

La protezione dalle condizioni ambientali estreme è fondamentale per garantire la salute e la sopravvivenza delle piante carnivore esposte agli elementi all'aperto. Le condizioni meteorologiche possono variare notevolmente in base alla regione e alla stagione, e pertanto è essenziale adottare misure preventive per mitigare gli effetti negativi di temperature estreme, vento, pioggia intensa e altri fattori ambientali avversi.

Per proteggere le piante carnivore dal caldo eccessivo, è possibile adottare diverse strategie. Una delle più efficaci è l'uso di ombreggiature o strutture di protezione, come tende o teli riflettenti, per ridurre l'intensità della luce solare diretta durante le ore più calde della giornata. Inoltre, è consigliabile mantenere il terreno costantemente umido per evitare che le piante soffrano di disidratazione.

Nel caso di temperature molto basse, è importante prevenire danni da gelo coprendo le piante con teli o materiali isolanti durante le notti fredde. Inoltre, è possibile considerare l'utilizzo di serre o strutture protettive per fornire un ambiente più stabile e riparato dalle intemperie.

Il vento forte può rappresentare un altro problema per le piante carnivore, specialmente quelle con foglie delicate o fragili. Per proteggerle, si possono utilizzare barriere naturali, come siepi o alberi, per ridurre la velocità del vento e creare una zona riparata intorno alle piante. In alternativa, si possono installare strutture di protezione, come recinzioni o paraventi, per ridurre l'effetto del vento sulle piante.

La pioggia intensa può causare danni alle piante carnivore, specialmente se il terreno diventa eccessivamente saturato d'acqua e provoca problemi di drenaggio. Per prevenire danni da ristagno d'acqua, è consigliabile assicurarsi che i vasi o i letti di coltivazione siano dotati di un adeguato sistema di drenaggio e che il terreno sia ben drenato e poroso.

Infine, è importante monitorare regolarmente le condizioni ambientali e intervenire tempestivamente in caso di necessità. Oltre alle misure preventive, è fondamentale prestare attenzione alle condizioni meteorologiche in evoluzione e adattare le strategie di protezione di conseguenza per garantire il benessere continuo delle piante carnivore esposte agli elementi all'aperto.

6. Gestione delle Variazioni di Temperatura e Umidità

La gestione delle variazioni di temperatura e umidità è cruciale per mantenere un ambiente ottimale per le piante carnivore, sia che si trovino all'interno che all'esterno. Le variazioni estreme di temperatura possono influenzare significativamente la crescita e la salute delle piante, mentre livelli inadeguati di umidità possono portare a problemi come la disidratazione o il marciume radicale.

Per gestire le variazioni di temperatura, è consigliabile adottare diverse strategie in base alle esigenze specifiche delle piante carnivore e alle condizioni ambientali locali. All'interno, è possibile utilizzare dispositivi di riscaldamento o di raffreddamento, come termoventilatori o condizionatori d'aria, per mantenere una temperatura costante e confortevole per le piante. Inoltre, è importante posizionare le piante lontano da fonti di calore o correnti d'aria che potrebbero causare sbalzi improvvisi di temperatura.

All'esterno, la gestione delle variazioni di temperatura può essere più sfidante, ma ci sono comunque diverse strategie efficaci da adottare. Ad esempio, è possibile utilizzare mulch o materiali isolanti intorno alle radici delle piante per proteggerle dalle variazioni di temperatura del terreno. Inoltre, è consigliabile posizionare le piante in aree riparate dal vento e dall'esposizione diretta al sole durante i periodi di temperatura estrema.

Per quanto riguarda l'umidità, è importante monitorare regolarmente i livelli e intervenire di conseguenza per mantenere un ambiente ottimale per le piante carnivore. All'interno, è possibile utilizzare umidificatori per aumentare l'umidità dell'aria, specialmente durante i mesi più secchi dell'anno. All'esterno, è importante irrigare regolarmente le piante e assicurarsi che il terreno rimanga costantemente umido senza essere eccessivamente saturo d'acqua.

Inoltre, è possibile utilizzare tecniche di microclima per creare ambienti controllati intorno alle piante, come l'uso di serre o strutture protettive. Queste possono aiutare a stabilizzare le variazioni di temperatura e umidità e fornire un ambiente più favorevole alla crescita delle piante carnivore.

In conclusione, una gestione attenta delle variazioni di temperatura e umidità è essenziale per garantire la salute e il benessere delle piante carnivore, sia che si trovino all'interno che all'esterno. Monitorare regolarmente le condizioni ambientali e adottare misure preventive adeguate può contribuire significativamente a mantenere un ambiente ottimale per la crescita e la prosperità di queste affascinanti piante carnivore.

7. Strategie per Ottimizzare l'Ambiente di Coltivazione

Per ottimizzare l'ambiente di coltivazione delle piante carnivore, è fondamentale adottare diverse strategie mirate che tengano conto delle esigenze specifiche di queste piante e delle condizioni ambientali in cui vengono coltivate. Ci sono diversi aspetti da considerare per creare un ambiente ideale che favorisca la crescita e la salute delle piante carnivore, sia che si trovino all'interno che all'esterno.

Innanzitutto, è importante posizionare le piante in un luogo che riceva la giusta quantità di luce solare. Le piante carnivore hanno esigenze diverse in termini di esposizione alla luce, quindi è essenziale comprendere le specifiche esigenze di ciascuna specie e regolare l'esposizione di conseguenza. Ad esempio, le piante di Drosera e Dionaea preferiscono una luce solare diretta, mentre altre come le Nepenthes possono beneficiare di una luce filtrata o parzialmente ombreggiata.

Oltre alla luce solare, è importante garantire un'adeguata ventilazione dell'ambiente di coltivazione. Le correnti d'aria possono aiutare a prevenire il ristagno dell'umidità e a ridurre il rischio di muffe e malattie fungine. Tuttavia, è importante evitare correnti d'aria troppo intense che potrebbero danneggiare le foglie sensibili delle piante carnivore.

Per quanto riguarda l'umidità, è necessario mantenere livelli ottimali per le piante carnivore. Queste piante provengono spesso da habitat umidi e richiedono un'umidità relativa elevata per prosperare. Per aumentare l'umidità, è possibile utilizzare umidificatori o creare microclimi intorno alle piante, ad esempio utilizzando vassoi di acqua o nebulizzatori.

Inoltre, è importante fornire un substrato adatto alle piante carnivore che permetta un drenaggio adeguato e prevenga il ristagno dell'acqua intorno alle radici. I substrati composti da una miscela di torba, sabbia perlite o vermiculite sono spesso ideali per le piante carnivore, poiché forniscono un ambiente ben drenato e ricco di nutrienti.

Infine, è fondamentale monitorare regolarmente le condizioni ambientali e le esigenze specifiche delle piante carnivore e apportare eventuali correzioni o modifiche necessarie. Tenendo sotto controllo l'ambiente di coltivazione e adottando le giuste strategie, è possibile creare un ambiente ottimale che favorisca la crescita e la prosperità delle piante carnivore.

XVI. Cura Stagionale: Primavera, Estate, Autunno, Inverno

1. Preparazione per la Primavera: Risveglio dalle Dormienze

Il risveglio delle piante carnivore dalle dormienze è un momento cruciale per il coltivatore attento, segnando l'inizio di una nuova stagione di crescita e vitalità. Durante i mesi invernali, molte piante carnivore tendono a rallentare la loro attività metabolica e ad entrare in uno stato di dormienza, un adattamento naturale alle condizioni ambientali avverse. Tuttavia, con l'arrivo della primavera e l'aumento delle temperature e delle ore di luce, è fondamentale preparare accuratamente le piante per questo risveglio, garantendo che ricevano le cure necessarie per affrontare la nuova stagione con vigore e salute.

Una delle prime attività da considerare durante la preparazione per la primavera è la valutazione dello stato di dormienza delle piante. Questo può variare notevolmente a seconda della specie e delle condizioni ambientali in cui sono state coltivate. Alcune piante, come le Sarracenie e le Drosera temperate, possono entrare in una dormienza completa, perdendo le foglie o riducendo notevolmente la loro crescita. Altre, come le Nepenthes tropicali, possono mostrare solo una diminuzione moderata dell'attività.

Durante questo periodo di transizione, è importante monitorare attentamente le condizioni delle piante e fornire loro il supporto necessario per risvegliarsi gradualmente dalla dormienza. Ciò può includere l'aumento graduale dell'irrigazione e dell'esposizione alla luce solare, così come la rimozione di eventuali protezioni invernali che possono essere state utilizzate per proteggere le piante dal freddo.

Inoltre, è fondamentale controllare attentamente le condizioni del terreno e assicurarsi che sia ben drenato e aerato in preparazione per la stagione di crescita in arrivo. La rimozione di eventuali detriti o materiali decomposti dalla superficie del terreno può aiutare a prevenire la formazione di muffe e batteri nocivi che potrebbero danneggiare le radici delle piante durante la crescita attiva.

Infine, durante il periodo di preparazione per la primavera, è il momento ideale per esaminare attentamente le piante alla ricerca di segni di danni o malattie. Qualsiasi foglia morta o danneggiata dovrebbe essere rimossa delicatamente, e le piante dovrebbero essere ispezionate per individuare eventuali segni di parassiti o malattie che potrebbero richiedere un trattamento preventivo.

In sintesi, la preparazione per la primavera è un processo critico per garantire la salute e la vitalità delle piante carnivore durante la stagione di crescita in arrivo. Monitorare attentamente lo stato di dormienza, preparare il terreno e esaminare attentamente le piante per eventuali segni di danni o malattie sono passaggi chiave per garantire una transizione senza problemi verso una nuova stagione di crescita rigogliosa e prospera.

2. Cura Estiva: Gestione dell'Elevata Temperatura e dell'Irrigazione

Durante i mesi estivi, le piante carnivore si trovano ad affrontare sfide uniche legate all'aumento delle temperature e alla maggiore esposizione alla luce solare. La gestione dell'elevata temperatura e dell'irrigazione diventa quindi cruciale per garantire la loro sopravvivenza e prosperità in queste condizioni ambientali impegnative.

Una delle principali preoccupazioni durante i mesi estivi è il rischio di surriscaldamento delle piante, soprattutto per le specie temperate che richiedono una dormienza invernale. Per evitare danni da calore, è importante posizionare le piante in luoghi dove possono beneficiare di una buona ventilazione e di ombreggiature parziali durante le ore più calde della giornata. L'utilizzo di teli ombreggianti leggeri può essere utile per proteggere le piante dalla luce solare diretta eccessiva, riducendo così il rischio di danni da ustioni alle foglie.

Inoltre, è fondamentale adottare una strategia di irrigazione oculata per garantire che le piante ricevano la quantità ottimale di acqua senza incorrere in problemi legati all'eccesso o alla carenza d'acqua. Durante i mesi estivi, l'evaporazione dell'acqua dal terreno può essere più rapida, rendendo necessario aumentare la frequenza e la quantità di irrigazione rispetto ai mesi più freschi. Tuttavia, è importante evitare il ristagno d'acqua e garantire che il terreno si asciughi leggermente tra un'irrigazione e l'altra per prevenire il marciume radicale e altre malattie legate all'umidità eccessiva.

Per le specie tropicali, che possono godere di temperature più elevate e umidità durante i mesi estivi, è comunque importante monitorare attentamente le condizioni ambientali e regolare l'irrigazione di conseguenza. Anche se queste piante possono tollerare temperature più elevate, un'eccessiva esposizione al sole diretto può ancora causare danni alle foglie e alla salute complessiva della pianta.

Inoltre, è consigliabile mantenere un'attenzione costante alle condizioni delle piante durante i mesi estivi, ispezionando regolarmente le foglie alla ricerca di segni di stress idrico o danni da calore. Qualsiasi foglia ingiallita o appassita dovrebbe essere rimossa delicatamente per favorire la crescita di nuove foglie sane.

In sintesi, la cura estiva delle piante carnivore richiede un approccio attento e proattivo per gestire l'elevata temperatura e l'irrigazione in modo da garantire la loro salute e vitalità durante i mesi più caldi dell'anno.

3. Adattamento all'Autunno: Riduzione delle Attività di Crescita

Con l'arrivo dell'autunno, le piante carnivore iniziano a mostrare segni di adattamento alle condizioni stagionali mutevoli. Una delle principali trasformazioni che si verificano durante questo periodo è la riduzione delle attività di crescita in preparazione alla stagione invernale.

Questo adattamento è il risultato di una serie di segnali ambientali, tra cui il calo delle temperature, la diminuzione delle ore di luce solare e la riduzione della disponibilità di nutrienti nel terreno. Le piante carnivore, in risposta a questi segnali, iniziano a rallentare la loro crescita attiva e a concentrare le loro energie sul mantenimento e sulla conservazione delle risorse esistenti.

Durante l'autunno, è comune osservare una diminuzione del tasso di produzione di nuove foglie e trappole, nonché una riduzione della frequenza di fioritura. Questo rallentamento delle attività di crescita consente alle piante di conservare le risorse energetiche per affrontare le sfide dell'inverno, quando le condizioni ambientali diventano ancora più avverse.

Inoltre, durante l'autunno, molte piante carnivore possono iniziare a prepararsi per il periodo di dormienza invernale. Questo processo comporta la riduzione delle attività metaboliche e la produzione di ormoni che favoriscono il riposo vegetativo. Le piante possono iniziare a perdere le foglie più vecchie e ingiallite, preparandosi così a un periodo di riposo invernale.

Per i coltivatori, l'adattamento delle piante carnivore all'autunno richiede un monitoraggio attento delle condizioni delle piante e un adeguamento delle pratiche di cura di conseguenza. È importante ridurre gradualmente le irrigazioni e sospendere l'applicazione di fertilizzanti per rispecchiare il rallentamento delle attività metaboliche delle piante. Inoltre, è consigliabile proteggere le piante dalle temperature notturne più fredde e dalle prime gelate, posizionandole in luoghi riparati o fornendo loro una copertura protettiva.

In conclusione, l'adattamento all'autunno rappresenta una fase cruciale nel ciclo di vita delle piante carnivore, durante la quale si preparano per affrontare le sfide dell'inverno e conservare le energie necessarie per la rinascita primaverile.

4. Sopravvivenza all'Inverno: Protezione dalle Temperature Basse

Durante l'inverno, le piante carnivore affrontano sfide uniche legate alle temperature rigide e alle condizioni ambientali avverse. La sopravvivenza durante questa stagione richiede una serie di adattamenti fisiologici e comportamentali, oltre a una protezione adeguata dalle temperature basse.

Uno dei principali adattamenti che le piante carnivore sviluppano per sopravvivere all'inverno è la capacità di entrare in uno stato di dormienza. Durante questo periodo, le piante riducono le loro attività metaboliche e sospendono la crescita attiva per conservare energia e risorse. Questo stato di dormienza è spesso innescato da segnali ambientali come la diminuzione delle temperature e delle ore di luce solare.

Per proteggersi dalle temperature basse, le piante carnivore possono adottare diverse strategie. Una di queste è la formazione di tessuti resistenti al freddo, che possono proteggere le parti più sensibili della pianta dalle gelate. Inoltre, alcune specie possono sviluppare strutture di protezione come peli, tricomi o ghiandole che aiutano a trattenere il calore e a ridurre la perdita di acqua.

I coltivatori possono aiutare le loro piante carnivore a sopravvivere all'inverno fornendo loro un ambiente protetto e controllato. Ciò può includere l'utilizzo di serre o ripari per proteggere le piante dalle temperature estreme e dai venti freddi. Inoltre, è consigliabile limitare le irrigazioni durante l'inverno e evitare di esporre le piante a sbalzi termici improvvisi, che potrebbero danneggiare i tessuti delicati.

Durante l'inverno, è importante anche proteggere le radici delle piante carnivore dal gelo. Posizionare uno strato di materiale isolante, come paglia o corteccia, intorno al substrato può aiutare a mantenere una temperatura più stabile nel terreno e a proteggere le radici dal congelamento.

In conclusione, la sopravvivenza delle piante carnivore durante l'inverno richiede una combinazione di adattamenti naturali e cure attente da parte dei coltivatori. Proteggere le piante dalle temperature basse e fornire loro un ambiente adatto può aiutare a garantire la loro salute e vitalità durante i mesi più freddi dell'anno.

5. Strategie per la Primavera: Promozione della Crescita Rigogliosa

La primavera è una stagione cruciale per le piante carnivore, poiché rappresenta il periodo di risveglio dalle dormienze invernali e di inizio di una nuova fase di crescita vigorosa. Per promuovere una crescita rigogliosa e sana durante questa stagione, è fondamentale adottare una serie di strategie mirate e cure adeguate.

Una delle prime azioni da intraprendere in primavera è la valutazione delle condizioni delle piante dopo il periodo invernale. È importante controllare attentamente ogni pianta per individuare eventuali segni di danni causati dal freddo, come foglie ingiallite o marcite, e adottare le misure necessarie per ripristinare la loro salute. Questo potrebbe includere la potatura delle parti danneggiate o l'applicazione di trattamenti curativi per favorire la rigenerazione dei tessuti.

Inoltre, durante la primavera, è cruciale fornire alle piante carnivore una quantità adeguata di luce solare e di acqua. Poiché i giorni si allungano e le temperature si riscaldano, le piante iniziano a riattivare i loro processi metabolici e a crescere attivamente. Assicurarsi che le piante ricevano almeno 6-8 ore di luce solare diretta al giorno può favorire una crescita rigogliosa e una fotosintesi ottimale.

La fertilizzazione è un'altra pratica importante da considerare in primavera per promuovere la crescita delle piante carnivore. Durante questo periodo di attività vegetativa intensa, le piante hanno un maggiore fabbisogno di nutrienti per sostenere la loro crescita e lo sviluppo dei tessuti. È consigliabile utilizzare un fertilizzante specifico per piante carnivore diluito e applicarlo con moderazione per evitare sovradosaggi che potrebbero danneggiare le radici sensibili delle piante.

Inoltre, è essenziale monitorare attentamente le condizioni ambientali, come temperatura e umidità, durante la primavera. Le piante carnivore possono essere particolarmente sensibili agli sbalzi di temperatura e all'umidità eccessiva o insufficiente, che possono influire negativamente sulla loro crescita e salute. Mantenere un ambiente controllato e ottimale può contribuire a favorire una crescita sana e vigorosa durante questa stagione critica.

Infine, la rimozione delle infestazioni di parassiti e malattie rappresenta un'altra importante strategia per promuovere la crescita delle piante carnivore in primavera. Controllare regolarmente le piante per individuare segni di infestazioni e adottare misure preventive o curative tempestive può aiutare a proteggere le piante dalla compromissione della loro salute e della loro crescita.

In conclusione, la primavera offre un'opportunità preziosa per promuovere una crescita vigorosa e rigogliosa delle piante carnivore. Adottare una serie di strategie mirate, che includono valutazione delle condizioni delle piante, fornitura di luce solare e acqua sufficienti, fertilizzazione moderata, monitoraggio delle condizioni ambientali e gestione delle infestazioni, può contribuire significativamente al successo della coltivazione durante questa stagione cruciale.

6. Approccio all'Autunno: Preparazione per il Riposo Invernale

Con l'avvicinarsi dell'autunno, le piante carnivore iniziano a prepararsi per il riposo invernale, un periodo di dormienza durante il quale rallentano la loro crescita e conservano le loro energie per sopravvivere alle condizioni avverse della stagione fredda. È fondamentale adottare un approccio oculato per garantire che le piante siano adeguatamente preparate per affrontare questo periodo di transizione.

Una delle prime considerazioni da tenere in considerazione in autunno è la riduzione graduale delle attività di crescita e la preparazione delle piante per il rallentamento metabolico che caratterizza il periodo invernale. Ciò può includere la cessazione della fertilizzazione e la riduzione graduale delle irrigazioni per consentire alle piante di entrare gradualmente in uno stato di dormienza.

Inoltre, è importante proteggere le piante carnivore dagli sbalzi di temperatura e dai venti freddi che possono verificarsi durante l'autunno. Ciò può essere ottenuto posizionando le piante in luoghi riparati o proteggendole con teli o strutture per evitare danni causati dal vento e dal gelo.

Durante l'autunno, è anche consigliabile monitorare attentamente le piante per individuare eventuali segni di infestazioni da parassiti o malattie e adottare le misure necessarie per trattare tali problematiche prima che diventino gravi. Questo può includere l'ispezione regolare delle foglie e delle radici per individuare segni di danni o deformazioni e l'applicazione mirata di trattamenti preventivi o curativi.

Inoltre, è utile riposizionare le piante carnivore in luoghi dove possono beneficiare di condizioni di luce solare ottimali durante l'autunno. Poiché i giorni si accorciano e la luce solare diventa meno intensa, assicurarsi che le piante ricevano ancora una quantità adeguata di luce solare può aiutare a mantenere attivi i processi metabolici essenziali per la loro salute e la loro sopravvivenza durante il periodo invernale.

Infine, è consigliabile effettuare eventuali interventi di potatura o di riposizionamento delle piante all'interno di contenitori più adatti per affrontare le condizioni invernali. Ciò può includere il rinvaso delle piante in substrati più adatti alle loro esigenze invernali o il riposizionamento delle piante in luoghi più protetti per proteggerle dal freddo e dalle intemperie.

In conclusione, affrontare l'autunno con un approccio oculato e attento è fondamentale per garantire la salute e la sopravvivenza delle piante carnivore durante il periodo invernale. Adottare una serie di misure preventive e precauzionali, che includono la riduzione delle attività di crescita, la protezione dalle condizioni avverse e la cura attenta delle piante, può contribuire significativamente a preparare le piante per il riposo invernale e a garantirne la sopravvivenza.

XVII. Tecniche di Potatura e Manutenzione

1. Principi di Base della Potatura

La potatura è una pratica essenziale per mantenere la salute e la forma delle piante carnivore. I principi di base della potatura si basano sulla comprensione della fisiologia vegetale e delle esigenze specifiche di ciascuna specie.

Innanzitutto, è importante conoscere il motivo della potatura e avere chiari obiettivi prima di iniziare. La potatura può essere finalizzata a rimuovere parti danneggiate, promuovere la crescita, mantenere la forma desiderata o controllare le dimensioni della pianta.

È cruciale utilizzare strumenti da potatura puliti e affilati per evitare danni e infezioni alle piante. Prima di iniziare, assicurarsi di disinfettare gli attrezzi per ridurre il rischio di trasmissione di malattie da una pianta all'altra.

Durante la potatura, è fondamentale seguire le linee guida specifiche per ciascuna specie di pianta carnivora, poiché le esigenze di potatura possono variare notevolmente tra le diverse varietà.

Ad esempio, la Dionaea potrebbe richiedere una potatura più aggressiva per rimuovere le trappole morte e promuovere la crescita di nuove trappole, mentre la Sarracenia potrebbe richiedere solo la rimozione delle foglie morte o danneggiate.

Inoltre, è importante considerare il momento migliore per potare, evitando di farlo durante periodi di stress per la pianta, come durante l'inverno o quando la pianta è in fase di fioritura o riproduzione.

La potatura regolare, quando eseguita correttamente, può favorire una migliore salute e vitalità delle piante carnivore, aiutandole a mantenere la loro forma naturale e a produrre trappole o foglie più robuste e funzionali.

2. Potatura delle Piante Carnivore: Strumenti e Materiali

La scelta degli strumenti e dei materiali giusti per la potatura delle piante carnivore è fondamentale per garantire risultati ottimali e proteggere la salute delle piante stesse. Ecco alcuni suggerimenti utili:

1. **Forbici da potatura:** Le forbici da potatura sono uno strumento essenziale per tagliare con precisione steli, foglie e trappole morte. È consigliabile utilizzare forbici affilate e di alta qualità per ottenere tagli puliti e minimizzare il rischio di danni alle piante.

2. **Tronchesi:** Le tronchesi sono ideali per tagliare steli più spessi o rami legnosi. Assicurarsi di scegliere tronchesi con lame robuste e affilate per tagli precisi e senza sforzo.

3. **Tagliavivande:** I tagliavivande a lame sottili sono utili per rimuovere delicatamente foglie o trappole morte senza danneggiare il tessuto vegetale circostante.

4. **Disinfettanti:** Prima e dopo ogni potatura, è importante disinfettare gli strumenti utilizzati per prevenire la diffusione di malattie tra le piante. Alcol isopropilico o una soluzione di acqua e candeggina possono essere efficaci per disinfettare forbici, tronchesi e altri strumenti.

5. **Guanti:** Indossare guanti protettivi durante la potatura può proteggere le mani da eventuali tagli o irritazioni causate dai residui vegetali o dagli agenti patogeni presenti sulle piante.

6. **Contenitori per i rifiuti:** Assicurarsi di avere a disposizione contenitori o sacchetti per raccogliere e smaltire i residui vegetali e le parti potate in modo ordinato e igienico.

7. **Pulizia e manutenzione:** Dopo ogni utilizzo, pulire gli strumenti da potatura con acqua e sapone per rimuovere residui vegetali e batteri. Mantenere gli strumenti ben oliati e conservati in un luogo asciutto e sicuro.

Utilizzare gli strumenti e i materiali appropriati durante la potatura delle piante carnivore contribuirà a garantire che il processo sia efficace e sicuro, aiutando le piante a mantenersi in salute e a prosperare nel tempo.

3. Potatura di Rimozione: Taglio delle Parti Danneggiate o Morti

La potatura di rimozione è un'operazione fondamentale per garantire la salute e la vitalità delle piante carnivore. Consiste nel tagliare le parti danneggiate o morte della pianta al fine di promuovere la crescita e prevenire la diffusione di malattie. Ecco alcuni punti da tenere in considerazione quando si esegue la potatura di rimozione:

1. **Ispezione accurata:** Prima di iniziare la potatura, è importante esaminare attentamente la pianta per individuare qualsiasi segno di danneggiamento o deperimento. Questo può includere foglie ingiallite, trappole morte, steli marci o qualsiasi altro segno di malattia o stress.

2. **Taglio preciso:** Utilizzare forbici affilate e pulite per eseguire tagli precisi e netti. Evitare di strappare o strappare le parti danneggiate, poiché questo può causare ulteriori danni alla pianta e aprire la porta a infezioni batteriche o fungine.

3. **Rimozione completa:** Tagliare le parti danneggiate o morte fin dove si collegano alla pianta sana. Assicurarsi di rimuovere completamente il tessuto danneggiato per evitare che si diffondano eventuali malattie o parassiti.

4. **Stimolazione della crescita:** La potatura di rimozione può stimolare la pianta a concentrare le sue energie sulla crescita di nuovi tessuti sani. Dopo la potatura, la pianta può reindirizzare le risorse verso la produzione di nuove foglie, trappole o radici, rinvigorendo la sua vitalità complessiva.

5. **Monitoraggio post-potatura:** Dopo aver eseguito la potatura, è importante monitorare attentamente la pianta per garantire che guarisca correttamente e per individuare eventuali segni di complicazioni, come infezioni o ulteriori danni.

6. **Disinfezione degli strumenti:** Prima e dopo ogni potatura, disinfettare gli strumenti utilizzati per prevenire la diffusione di malattie. È consigliabile immergere gli strumenti in una soluzione disinfettante o pulirli con alcol isopropilico.

7. **Pianificazione della potatura:** La potatura di rimozione dovrebbe essere eseguita in modo regolare come parte della routine di cura delle piante carnivore. Si consiglia di eseguire la potatura quando la pianta è in una fase di crescita attiva per massimizzare i benefici della procedura.

In conclusione, la potatura di rimozione è una pratica importante per mantenere la salute e la vitalità delle piante carnivore. Eseguire questa operazione con cura e attenzione contribuirà a promuovere una crescita rigogliosa e a mantenere le piante in condizioni ottimali.

4. Potatura di Formazione: Modellare la Crescita delle Piante

La potatura di formazione è un'arte delicata che permette ai coltivatori di plasmare la crescita delle piante carnivore secondo le proprie preferenze estetiche e funzionali. Ecco alcuni consigli pratici e tecniche per eseguire con successo la potatura di formazione:

1. **Obiettivi chiari:** Prima di iniziare la potatura, è importante avere un'idea chiara di come si desidera che la pianta si sviluppi. Si può voler incoraggiare una forma più compatta e densa, eliminare rami che si incrociano o dirigere la crescita verso una determinata direzione.

2. **Identificazione dei punti di potatura:** Osservare attentamente la pianta per individuare i punti in cui è necessario intervenire. Questi possono includere rami che crescono in modo disordinato, germogli indesiderati o parti della pianta che compromettono la simmetria o l'estetica complessiva.

3. **Utilizzo degli strumenti appropriati:** Scegliere gli strumenti di potatura più adatti al tipo di intervento necessario. Le forbici a punta fine sono ideali per tagliare piccoli germogli o rami, mentre i seghetti a mano possono essere utilizzati per rimuovere rami più grandi o legnosi.

4. **Taglio preciso:** Eseguire i tagli in modo preciso e pulito per evitare danni e promuovere una guarigione rapida. Tagliare appena al di sopra di un nodo o di un occhio per favorire una nuova crescita nella direzione desiderata.

5. **Rispetto della natura della pianta:** Considerare la specie e le caratteristiche specifiche della pianta carnivora durante la potatura. Ad esempio, alcune piante come le Sarracenia possono tollerare potature più drastiche, mentre altre come le Drosera richiedono una maggiore delicatezza.

6. **Gradualità:** Se si desidera apportare modifiche significative alla forma della pianta, è consigliabile eseguire la potatura in più sessioni, intervallate da periodi di osservazione e valutazione. Questo permette alla pianta di adattarsi gradualmente alle modifiche e riduce il rischio di stress.

7. **Monitoraggio post-potatura:** Dopo aver eseguito la potatura, monitorare attentamente la pianta per garantire una corretta guarigione e per valutare l'efficacia delle modifiche apportate. Si può rendersi necessario apportare ulteriori regolazioni o correzioni in base alla risposta della pianta.

In conclusione, la potatura di formazione è una pratica importante per plasmare la crescita e l'aspetto delle piante carnivore. Seguire questi consigli e tecniche aiuterà i coltivatori a ottenere risultati soddisfacenti e a mantenere le loro piante in salute e vigorose.

5. Potatura di Manutenzione: Promuovere la Salute e la Vigorosità delle Piante

La potatura di manutenzione è un aspetto cruciale della cura delle piante carnivore, poiché contribuisce a promuovere la salute e la vitalità della pianta nel lungo termine. Ecco alcuni consigli pratici e tecniche per eseguire con successo la potatura di manutenzione:

1. **Pulizia e rimozione delle parti danneggiate:** Periodicamente, esaminare attentamente la pianta per individuare e rimuovere eventuali parti danneggiate, malate o morte. Queste possono includere foglie ingiallite, rami secchi o parti infette da malattie fungine o batteriche. La rimozione di queste parti contribuisce a prevenire la diffusione delle malattie e a mantenere la pianta in salute.

2. **Aerazione e riduzione della densità:** In presenza di una crescita eccessivamente densa o disordinata, è consigliabile eseguire una potatura per favorire una migliore circolazione dell'aria e la penetrazione della luce solare all'interno della pianta. Rimuovere i rami e i germogli più interni può aiutare a ridurre il rischio di muffe e malattie fungine e a promuovere una crescita più uniforme e vigorosa.

3. **Riduzione della competizione:** Se si coltivano più piante carnivore nello stesso contenitore, è importante eseguire regolarmente la potatura per ridurre la competizione tra loro. Rimuovere i rami e i germogli in eccesso può consentire alle piante di ottenere una quantità sufficiente di risorse, come acqua, luce e nutrienti, e favorire una crescita più equilibrata e armoniosa.

4. **Promozione della ramificazione:** La potatura selettiva può essere utilizzata per promuovere la ramificazione e la crescita compatta della pianta. Tagliare con cura i rami più lunghi o eccessivamente dominanti può incoraggiare lo sviluppo di nuovi germogli e la formazione di una struttura più densa e robusta.

5. **Rimozione dei fiori appassiti:** Durante la fioritura, è consigliabile rimuovere regolarmente i fiori appassiti per promuovere una nuova fioritura e prevenire lo spreco di energia da parte della pianta. Utilizzare forbici pulite per tagliare i fiori alla base del gambo, evitando di danneggiare le parti circostanti della pianta.

6. **Monitoraggio costante:** Dopo aver eseguito la potatura di manutenzione, monitorare attentamente la pianta per valutare l'efficacia delle modifiche apportate e per rilevare eventuali segni di stress o problemi. In caso di necessità, è possibile apportare ulteriori regolazioni o correzioni per garantire la salute e la vitalità continua della pianta.

Seguire attentamente questi consigli e tecniche di potatura di manutenzione contribuirà a mantenere le piante carnivore in salute, vigorose e in crescita ottimale nel corso del tempo.

XVIII. Creazione di Habitat Naturali in Vaso

1. Selezione del Contenitore e del Terreno

La scelta del contenitore e del terreno per creare un habitat naturale in vaso è un passo cruciale per garantire il successo della coltivazione delle piante carnivore. Innanzitutto, il contenitore dovrebbe essere sufficientemente ampio da consentire lo sviluppo radicale delle piante e abbastanza profondo da ospitare il sistema radicale senza restrizioni. È consigliabile optare per contenitori di plastica o ceramica che non rilascino sostanze chimiche dannose nell'ambiente di crescita delle piante.

Quanto al terreno, le piante carnivore prosperano in un substrato acido e povero di nutrienti. Si consiglia l'uso di torba di sfagno pura o una miscela di torba di sfagno e perlite in rapporto 3:1. La torba di sfagno fornisce un ambiente acido ideale per le piante carnivore, mentre la perlite favorisce il drenaggio, evitando il ristagno d'acqua che potrebbe causare marciume radicale.

Prima di procedere con il trapianto delle piante nel nuovo contenitore, assicurarsi che sia stato perforato il fondo per garantire un adeguato drenaggio. Inoltre, è consigliabile posizionare uno strato di ghiaia o perlite sul fondo del contenitore per favorire il flusso dell'acqua e impedire che le radici rimangano inzuppate.

Scegliere il giusto contenitore e terreno è fondamentale per creare un ambiente propizio alla crescita sana delle piante carnivore. Prestare attenzione a questi dettagli può fare la differenza tra piante floride e piante che faticano a sopravvivere.

2. Scelta delle Piante e dell'Assemblaggio

La selezione delle piante carnivore da coltivare e l'assemblaggio di un gruppo variegato possono aggiungere fascino e diversità al tuo habitat naturale in vaso. Prima di tutto, è essenziale considerare le esigenze specifiche di ciascuna specie per garantire una convivenza armoniosa e una crescita ottimale. Puoi optare per una varietà di specie, come Dionaea muscipula (venus flytrap), Drosera spp. (sundews), Sarracenia spp. (pitcher plants), Nepenthes spp. (tropical pitcher plants), Pinguicula spp. (butterworts) e altre specie meno conosciute.

Quando selezioni le piante, prendi in considerazione diversi fattori, come le dimensioni mature delle piante, i requisiti di luce e umidità e le preferenze di temperatura. Ad esempio, se il tuo ambiente di crescita riceve molta luce solare diretta, potresti optare per piante come la Dionaea muscipula e la Sarracenia, che prosperano in condizioni di pieno sole. Al contrario, se hai un'area più ombreggiata, potresti preferire specie come le Drosera e le Nepenthes, che tollerano meglio le condizioni di luce ridotta.

Quando assembli le piante nel contenitore, considera anche l'aspetto estetico e la disposizione delle piante. Puoi creare interessanti contrasti di colore e forma posizionando diverse specie insieme, ad esempio combinando le foglie rosse vivaci delle Drosera con i tubi a tromba delle Sarracenia e le foglie a forma di tazza delle Nepenthes. Assicurati di lasciare spazio sufficiente tra le piante per consentire la crescita e evitare il sovrappopolamento, il che potrebbe compromettere la salute delle piante.

Inoltre, considera la varietà stagionale delle tue scelte di piante. Alcune specie potrebbero essere inattive o entrare in dormienza durante determinati periodi dell'anno, mentre altre potrebbero essere più attive. Una selezione oculata delle piante può garantire un aspetto interessante e vitale del tuo habitat naturale in vaso in ogni momento dell'anno. Presta attenzione alle esigenze specifiche di ciascuna specie e crea un ambiente accogliente e stimolante per le tue piante carnivore.

3. Gestione dell'Irrigazione e dell'Umidità

La gestione dell'irrigazione e dell'umidità è cruciale per mantenere un ambiente ottimale per le piante carnivore nel tuo habitat naturale in vaso. Poiché molte di queste piante provengono da habitat umidi, è fondamentale replicare le condizioni di umidità elevate che favoriscono la loro crescita e il loro benessere.

Quando si tratta di irrigazione, è importante evitare sia l'essere troppo generosi con l'acqua che l'essere troppo parsimoniosi. Un terreno costantemente inzuppato può portare al marciume delle radici e alla proliferazione di funghi patogeni, mentre un terreno troppo asciutto può causare disidratazione e stress idrico alle piante. Idealmente, dovresti mantenere il terreno umido ma non completamente saturo, consentendo all'acqua in eccesso di drenare liberamente dal fondo del vaso.

Per raggiungere questo obiettivo, è consigliabile utilizzare un substrato che abbia un'elevata capacità di drenaggio, come un mix di torba di sfagno, sabbia perlite e perlite. Inoltre, puoi considerare l'uso di vasi con fori di drenaggio per consentire un migliore deflusso dell'acqua in eccesso.

La frequenza e la quantità di irrigazione dipenderanno da diversi fattori, tra cui il tipo di pianta, le dimensioni del vaso, le condizioni ambientali e la stagione. Durante i periodi più caldi e secchi, potrebbe essere necessario irrigare più frequentemente rispetto ai periodi più freschi e umidi. È consigliabile monitorare attentamente il terreno e le piante stesse per valutare quando è il momento di irrigare.

Per quanto riguarda l'umidità ambientale, è possibile aumentarla posizionando il vaso su un vassoio riempito con ciottoli o ghiaia umidi. Quando l'acqua evapora dal vassoio, aumenterà l'umidità intorno alle piante. In alternativa, puoi utilizzare un umidificatore per mantenere un livello costante di umidità nell'aria circostante.

Assicurati di monitorare regolarmente l'umidità ambientale con un igrometro e di adattare le tue pratiche di irrigazione e di gestione dell'umidità di conseguenza. Con un'attenzione diligente e una cura adeguata, puoi creare un ambiente ottimale per le tue piante carnivore e favorire la loro crescita e il loro benessere.

4. Fornitura di Luce Adeguata

La fornitura di luce adeguata rappresenta un elemento cruciale nella coltivazione delle piante carnivore in vaso. Queste piante sono adattate a habitat con elevate quantità di luce solare, e replicare queste condizioni all'interno può essere un compito impegnativo ma fondamentale per garantire il loro benessere. Quando si seleziona una posizione per le piante carnivore, è essenziale considerare la quantità e la qualità della luce disponibile. Idealmente, le piante dovrebbero essere posizionate in una zona che riceve luce solare diretta per almeno 4-6 ore al giorno, preferibilmente al mattino o nel primo pomeriggio quando la luce è più intensa ma meno dannosa rispetto al pieno sole del mezzogiorno.

Per garantire una fornitura continua di luce, soprattutto in ambienti interni o in luoghi con condizioni climatiche variabili, è consigliabile utilizzare fonti di illuminazione artificiale supplementari. Le lampade a LED possono essere una scelta eccellente in quanto forniscono un'illuminazione brillante e possono essere regolate per adattarsi alle esigenze specifiche delle piante carnivore. È importante scegliere lampade con uno spettro luminoso adatto alle esigenze delle piante, con una predominanza di luce blu e rossa, che sono essenziali per la fotosintesi e la crescita delle piante.

Inoltre, è consigliabile monitorare attentamente la distanza tra le lampade e le piante per evitare bruciature dovute a un'eccessiva esposizione alla luce o un riscaldamento eccessivo. Regolare l'altezza e l'angolazione delle lampade può aiutare a ottimizzare l'efficienza luminosa e a garantire una distribuzione uniforme della luce su tutte le parti della pianta.

Infine, è importante considerare la durata dell'illuminazione. Le piante carnivore necessitano di un periodo di riposo notturno, quindi è consigliabile mantenere le lampade accese per un massimo di 12-14 ore al giorno durante la stagione di crescita attiva, riducendo gradualmente la durata dell'illuminazione durante i mesi invernali quando le piante possono entrare in uno stato di dormienza.

In sintesi, la fornitura di luce adeguata è essenziale per garantire la salute e la crescita ottimale delle piante carnivore coltivate in vaso. Scegliere una posizione ben illuminata, integrata con l'illuminazione artificiale quando necessario, e monitorare attentamente la durata e l'intensità della luce può contribuire in modo significativo al successo della coltivazione.

5. Aggiunta di Elementi Naturali e Accessori

L'aggiunta di elementi naturali e accessori può arricchire l'habitat delle piante carnivore coltivate in vaso, fornendo loro un ambiente più simile possibile alle loro condizioni naturali di crescita. Questi elementi possono migliorare sia l'aspetto estetico che le condizioni di crescita delle piante, creando un ambiente più accogliente e favorevole alla loro salute e prosperità.

Uno degli elementi più comuni aggiunti ai vasi delle piante carnivore è il muschio vivo o secco. Il muschio, come il muschio di torba o il muschio di sfagno, non solo aggiunge un tocco naturale all'ambiente, ma può anche aiutare a trattenere l'umidità nel terreno e a mantenere le radici fresche durante i periodi caldi. Inoltre, il muschio può fungere da substrato aggiuntivo per la germinazione dei semi o come rifugio per piccole creature che contribuiscono all'ecosistema del vaso.

Altri elementi naturali che possono essere aggiunti includono pietre o ciottoli decorativi, tronchi o rami di legno, e persino piccole cascata o fontane per fornire un'umidità atmosferica più elevata e un'area di raffreddamento per le piante durante i mesi più caldi. Questi elementi non solo migliorano l'aspetto visivo del vaso, ma possono anche contribuire a creare microclimi favorevoli alla crescita delle piante carnivore.

Oltre agli elementi naturali, esistono anche una varietà di accessori progettati specificamente per migliorare l'habitat delle piante carnivore. Questi possono includere coperchi trasparenti o serra per aumentare l'umidità e mantenere una temperatura costante all'interno del vaso, sistemi di irrigazione automatica per garantire un'umidità costante del terreno, e termometri o igrometri per monitorare attentamente le condizioni ambientali.

L'aggiunta di questi elementi naturali e accessori non solo migliora l'aspetto estetico delle piante carnivore coltivate in vaso, ma può anche favorire la loro crescita e la loro salute nel lungo termine. Tuttavia, è importante mantenere un equilibrio tra estetica e funzionalità, assicurandosi che gli elementi aggiunti non interferiscano con le esigenze fondamentali delle piante carnivore in termini di luce, umidità, e drenaggio del terreno.

In conclusione, l'aggiunta di elementi naturali e accessori può arricchire l'habitat delle piante carnivore coltivate in vaso, fornendo loro un ambiente più simile possibile alle loro condizioni naturali di crescita e migliorando sia l'aspetto estetico che le condizioni di crescita. Prestare attenzione a selezionare gli elementi appropriati e a mantenere un equilibrio tra estetica e funzionalità può contribuire al successo della coltivazione delle piante carnivore in vaso.

6. Monitoraggio e Manutenzione del Microhabitat

Il monitoraggio e la manutenzione del microhabitat delle piante carnivore coltivate in vaso sono cruciali per garantire condizioni ottimali di crescita e salute per le piante. Questo processo richiede una vigilanza costante e la prontezza ad apportare eventuali modifiche o correzioni per adattarsi alle esigenze specifiche delle piante e all'evoluzione delle condizioni ambientali.

Per monitorare efficacemente il microhabitat, è importante tenere traccia di diversi fattori chiave, tra cui temperatura, umidità, livello di luce e drenaggio del terreno. Questi parametri possono variare notevolmente in base alla stagione, al clima e all'ambiente circostante, quindi è essenziale essere attenti ai cambiamenti e alle fluttuazioni che possono influenzare le piante.

Un modo per monitorare la temperatura è utilizzare termometri digitali o analogici posizionati strategicamente all'interno e intorno ai vasi delle piante. È importante tenere conto sia della temperatura massima che di quella minima registrata durante il giorno e la notte, poiché le piante carnivore possono essere sensibili alle variazioni di temperatura, specialmente se eccessivamente elevate o basse.

L'umidità è un altro parametro critico da monitorare, poiché molte piante carnivore richiedono un'umidità relativa elevata per prosperare. Gli igrometri possono essere utilizzati per misurare l'umidità relativa dell'aria intorno alle piante e all'interno dei vasi. Inoltre, è possibile utilizzare strumenti come i barometri per monitorare le variazioni di pressione atmosferica che possono influenzare l'umidità dell'ambiente circostante.

Il livello di luce è un altro aspetto fondamentale da tenere sotto controllo, poiché molte piante carnivore richiedono una quantità specifica di luce solare per la fotosintesi e la crescita sana. È importante posizionare i vasi in aree ben illuminate, evitando l'esposizione diretta ai raggi del sole nelle ore più calde della giornata per prevenire il surriscaldamento e il danneggiamento delle foglie.

Infine, il drenaggio del terreno è cruciale per evitare il ristagno idrico intorno alle radici delle piante, che potrebbe portare a marciume radicale e altre problematiche. Monitorare regolarmente il drenaggio dei vasi e apportare eventuali modifiche al terreno o ai fori di drenaggio per garantire un flusso d'acqua ottimale è essenziale per la salute a lungo termine delle piante carnivore.

In sintesi, il monitoraggio e la manutenzione del microhabitat delle piante carnivore coltivate in vaso richiedono un'attenzione costante e la prontezza ad apportare eventuali correzioni per garantire condizioni ottimali di crescita e salute per le piante. Prestare attenzione ai parametri chiave come temperatura, umidità, luce e drenaggio è fondamentale per il successo della coltivazione delle piante carnivore.

XIX. Soluzioni per Problematiche Comuni

1. Identificazione dei Problemi

Quando ci si trova di fronte a problemi nelle piante carnivore, è essenziale essere in grado di identificarli in modo preciso e tempestivo. Questo capitolo si concentra sull'importanza di riconoscere e comprendere i diversi tipi di problematiche che possono verificarsi durante la coltivazione di queste affascinanti piante. Un'accurata identificazione dei problemi è il primo passo fondamentale per trovare soluzioni efficaci e garantire la salute e il benessere delle piante carnivore.

Uno dei problemi più comuni che i coltivatori potrebbero incontrare è l'ingiallimento delle foglie. Questo sintomo può essere causato da una serie di fattori, tra cui eccesso o carenza di acqua, esposizione insufficiente alla luce solare, problemi legati al terreno o presenza di parassiti. È importante osservare attentamente le foglie e analizzare le condizioni ambientali e di coltivazione per determinare la causa sottostante dell'ingiallimento.

Un'altra problematica frequente è la comparsa di macchie o segni anomali sulle foglie. Questi segni possono essere sintomo di malattie fungine, batteriche o virali, oppure possono essere causati da danni meccanici, parassiti o condizioni ambientali avverse. Esaminare attentamente le foglie alla ricerca di macchie, deformazioni o segni di danneggiamento è essenziale per identificare correttamente il problema e intervenire di conseguenza.

Inoltre, è importante prestare attenzione alla forma e al colore delle foglie, così come alla presenza di segni di stress o indebolimento della pianta. Le foglie che appassiscono, si restringono, diventano molli o presentano decolorazioni anomale potrebbero indicare problemi di salute sottostanti che richiedono un'indagine più approfondita.

Nel processo di identificazione dei problemi, è utile tenere un diario di coltivazione in cui annotare le osservazioni giornaliere sulle condizioni delle piante, insieme a eventuali cambiamenti nell'ambiente di crescita. Questo aiuta a individuare eventuali tendenze o pattern che potrebbero essere correlati ai problemi riscontrati.

In conclusione, l'identificazione accurata dei problemi è un passo fondamentale per mantenere la salute e la vitalità delle piante carnivore. Osservare attentamente le piante, analizzare i sintomi e tenere traccia delle condizioni di crescita sono pratiche essenziali per affrontare con successo le sfide che possono sorgere durante la coltivazione di queste affascinanti piante.

2. Gestione delle Infestazioni di Parassiti

La gestione delle infestazioni di parassiti è una parte essenziale della cura delle piante carnivore. Queste piante sono suscettibili all'attacco di una varietà di parassiti, tra cui afidi, acari, trips, cocciniglie e mosche bianche. Questi parassiti possono causare danni significativi alle piante carnivore, compromettendo la loro salute e compromettendo la capacità di catturare e digerire gli insetti.

Per gestire le infestazioni di parassiti in modo efficace, è importante adottare un'approccio integrato che combini diverse strategie di controllo. Una delle prime azioni da intraprendere è l'ispezione regolare delle piante per individuare segni di infestazione. Questo può includere l'osservazione di insetti sulla superficie delle foglie, la presenza di melata o muffa nera, o segni di danni alle foglie come macchie o deformazioni.

Una volta individuata un'infestazione di parassiti, è possibile intervenire con una serie di misure di controllo. Tra le opzioni di controllo biologico, l'introduzione di insetti predatori come coccinelle o mantidi religiose può aiutare a controllare le popolazioni di parassiti. In alternativa, l'applicazione di oli minerali o sapone insetticida può essere efficace nel trattare infestazioni lievi o moderate.

In alcuni casi, potrebbe essere necessario ricorrere a prodotti chimici per controllare infestazioni più gravi. Tuttavia, è importante utilizzare tali prodotti con cautela e seguendo attentamente le istruzioni del produttore per evitare danni alle piante o agli organismi non bersaglio. Prima di utilizzare qualsiasi prodotto chimico, è consigliabile fare una prova su una piccola area della pianta e osservare eventuali reazioni avverse prima di procedere con un'applicazione più ampia.

Oltre alle misure di controllo diretto dei parassiti, è importante adottare pratiche culturali che promuovano la salute e la resistenza delle piante carnivore. Questo può includere la rimozione regolare delle foglie morte o malate, la pulizia delle pentole e la gestione delle condizioni ambientali per favorire la crescita robusta delle piante.

3. Trattamento delle Malattie delle Piante

Il trattamento delle malattie delle piante carnivore richiede un'approfondita comprensione delle patologie che possono colpire queste specie uniche. Tra le malattie più comuni si possono includere la muffa grigia, la muffa bianca, la ruggine delle foglie, e la marciume radicale.

La muffa grigia, causata dal fungo Botrytis cinerea, è una delle malattie più diffuse nelle piante carnivore. Si manifesta con l'apparizione di una patina grigiastra o marrone sulle foglie e sui fiori delle piante. Per combattere questa malattia, è fondamentale rimuovere le parti colpite, assicurandosi di non danneggiare ulteriormente la pianta durante il processo di rimozione.

La muffa bianca, provocata da Sclerotinia sclerotiorum, è un'altra malattia fungina che può colpire le piante carnivore, causando macchie bianche e una marciume molle delle foglie e dei fusti. Per trattare questa malattia, è consigliabile rimuovere le parti infette della pianta e ridurre l'umidità ambientale per prevenire la diffusione del fungo.

La ruggine delle foglie è causata da vari tipi di funghi del genere Puccinia e si manifesta con l'apparizione di macchie gialle o arancioni sulle foglie delle piante. Per trattare la ruggine delle foglie, è importante rimuovere le foglie colpite e adottare misure preventive come la sterilizzazione degli attrezzi da potatura per evitare la diffusione della malattia.

Il marciume radicale è una condizione grave che può essere causata da eccessiva irrigazione o da un substrato troppo umido. Si manifesta con la comparsa di radici molli, scure e marce. Per trattare il marciume radicale, è essenziale ridurre l'irrigazione e assicurarsi che il terreno si asciughi tra un'annaffiatura e l'altra. In alcuni casi estremi, potrebbe essere necessario rinvasare la pianta in un nuovo terreno.

Inoltre, è importante adottare pratiche culturali che favoriscano la salute delle piante e la prevenzione delle malattie, come la corretta aerazione del substrato, la sterilizzazione delle attrezzature da potatura e la rimozione regolare di foglie morte o malate.

4. Risoluzione dei Problemi di Crescita

La risoluzione dei problemi di crescita nelle piante carnivore richiede una comprensione approfondita dei fattori che possono influenzare lo sviluppo sano delle piante. Tra i problemi più comuni che possono influire sulla crescita delle piante carnivore si possono includere la carenza di nutrienti, l'eccessiva o insufficiente esposizione alla luce, il livello di umidità inadeguato e problemi legati al terreno.

La carenza di nutrienti è un problema comune che può manifestarsi con sintomi come foglie ingiallite, crescita rallentata e ridotta produzione di trappole. Per risolvere questo problema, è consigliabile integrare la dieta delle piante con fertilizzanti specifici per piante carnivore, assicurandosi di seguire attentamente le istruzioni di dosaggio e di evitare sovraffollamento dei nutrienti che potrebbe danneggiare le radici.

L'esposizione inadeguata alla luce può influenzare negativamente la crescita delle piante carnivore, portando a una crescita debole, allungata o alla morte delle foglie. Per risolvere questo problema, è importante posizionare le piante in un'area che riceva la quantità ottimale di luce solare diretta o fornire luce artificiale supplementare utilizzando lampade a LED specifiche per la crescita delle piante carnivore.

Un livello di umidità inadeguato può compromettere la crescita delle piante carnivore, causando appassimento delle foglie, arresto della crescita e predisposizione alle malattie. Per mantenere un livello di umidità ottimale, è consigliabile utilizzare vassoi di umidità, nebulizzatori o altri dispositivi per aumentare l'umidità intorno alle piante, soprattutto in ambienti secchi o durante i periodi di bassa umidità.

Infine, i problemi legati al terreno, come il drenaggio inadeguato o il terreno troppo compatto, possono ostacolare la crescita delle piante carnivore. Per risolvere questi problemi, è consigliabile utilizzare substrati specifici per piante carnivore che offrano un buon drenaggio e una buona aerazione radicale, evitando l'accumulo di acqua intorno alle radici e riducendo il rischio di marciume radicale.

5. Ottimizzazione dell'Ambiente di Coltivazione

Per ottimizzare l'ambiente di coltivazione delle piante carnivore, è fondamentale prendere in considerazione una serie di fattori che influenzano la loro salute e vitalità. Questi includono la temperatura, l'umidità, la ventilazione, la luce e la qualità dell'acqua. Gestire questi elementi in modo appropriato può garantire condizioni ottimali per la crescita e la prosperità delle piante carnivore.

La temperatura è un fattore critico da considerare nella coltivazione delle piante carnivore. Queste piante provengono da habitat diversi e hanno esigenze specifiche in termini di temperatura. È importante mantenere una temperatura costante e adatta alle piante carnivore, evitando sbalzi improvvisi che potrebbero stressarle o danneggiarle. Per raggiungere questo obiettivo, è consigliabile posizionare le piante in un'area della casa o del giardino dove la temperatura sia stabile e controllata.

L'umidità è un altro aspetto cruciale da gestire per garantire il benessere delle piante carnivore. Queste piante sono adattate a habitat umidi e richiedono un'umidità elevata per crescere e prosperare. È importante mantenere un livello di umidità costante intorno alle piante, specialmente in ambienti interni dove l'aria tende ad essere più secca. Questo può essere ottenuto utilizzando vassoi di umidità, nebulizzatori o altri dispositivi per aumentare l'umidità ambientale.

La ventilazione è essenziale per garantire un flusso d'aria adeguato intorno alle piante carnivore. Una buona ventilazione aiuta a prevenire la formazione di muffe e funghi, nonché a favorire lo scambio di gas necessario per la fotosintesi. È consigliabile posizionare le piante in un luogo dove ci sia un'adeguata circolazione d'aria e evitare l'accumulo di aria stagnante intorno ad esse.

La luce è un elemento chiave per la crescita delle piante carnivore, poiché fornisce l'energia necessaria per la fotosintesi. È importante posizionare le piante in un'area dove ricevano una quantità sufficiente di luce solare diretta o fornire luce artificiale supplementare utilizzando lampade a LED specifiche per la crescita delle piante carnivore. Monitorare attentamente l'esposizione alla luce e regolare di conseguenza può contribuire a garantire che le piante ricevano la quantità ottimale di luce di cui hanno bisogno per crescere sano e vigoroso.

Infine, la qualità dell'acqua è un aspetto da non trascurare nella coltivazione delle piante carnivore. Queste piante sono sensibili alla qualità dell'acqua utilizzata per l'irrigazione e possono essere danneggiate dall'uso di acqua troppo dura o contaminata da sali o sostanze chimiche nocive. È consigliabile utilizzare acqua distillata o piovana, o trattare l'acqua del rubinetto per rimuovere eventuali impurità prima di utilizzarla per l'irrigazione.

6. Consigli per la Manutenzione Preventiva

La manutenzione preventiva è un aspetto fondamentale per garantire la salute e la longevità delle piante carnivore. Seguire alcuni semplici consigli può aiutare a prevenire problemi futuri e mantenere le piante in condizioni ottimali.

Innanzitutto, è importante monitorare regolarmente lo stato di salute delle piante, osservando attentamente la crescita, il colore delle foglie e la presenza di parassiti o malattie. Ispezionare le piante periodicamente consente di individuare eventuali segni di stress o problemi e intervenire tempestivamente per risolverli.

Un'altra pratica importante è quella di mantenere puliti sia i contenitori delle piante che l'area circostante. Rimuovere regolarmente foglie morte, residui di cibo e altri detriti può prevenire la formazione di muffe, batteri e parassiti che potrebbero danneggiare le piante carnivore.

Inoltre, è consigliabile praticare la potatura regolare per rimuovere eventuali parti danneggiate, malate o morte delle piante. La potatura aiuta a promuovere la crescita vigorosa e a prevenire la diffusione di malattie o parassiti all'interno della pianta.

Un altro consiglio importante è quello di evitare eccessi o carenze di acqua e fertilizzanti. Le piante carnivore possono essere sensibili agli eccessi di nutrienti o all'acqua stagnante, quindi è importante seguire attentamente le linee guida per l'irrigazione e l'alimentazione delle piante.

Infine, è consigliabile proteggere le piante carnivore da stress eccessivi causati da temperature estreme, luce solare diretta intensa o altri fattori ambientali avversi. Posizionare le piante in un'area protetta o fornire ombreggiatura supplementare durante i periodi di caldo intenso può contribuire a ridurre lo stress e favorire la salute delle piante.

Seguendo questi semplici consigli per la manutenzione preventiva, è possibile mantenere le piante carnivore in salute e garantire loro una crescita robusta e vigorosa nel tempo.

XX. Conservazione e Preservazione delle Specie Minacciate

1. Strategie di Conservazione in Situ

Le strategie di conservazione in situ rappresentano un pilastro fondamentale nella protezione delle specie minacciate e degli ecosistemi fragili.

Questo approccio mira a preservare le popolazioni naturali direttamente nei loro habitat originali, fornendo loro le condizioni necessarie per sopravvivere e prosperare nel loro ambiente naturale.

Le attività di conservazione in situ coinvolgono una serie di azioni coordinate e mirate, che vanno dalla protezione degli habitat alla gestione delle minacce ambientali e alla promozione della biodiversità.

Una delle strategie chiave è la creazione e la gestione di aree protette, come parchi nazionali, riserve naturali e aree marine protette, dove le specie minacciate possono trovare rifugio e protezione. Queste aree fungono da santuari per la flora e la fauna selvatiche, consentendo loro di svilupparsi senza l'interferenza delle attività umane dannose.

Inoltre, le strategie di conservazione in situ comprendono anche la sorveglianza e il monitoraggio regolari delle popolazioni di specie minacciate, per valutare lo stato di conservazione e identificare eventuali cambiamenti o minacce emergenti.

Questo monitoraggio è essenziale per adattare le strategie di conservazione alle esigenze specifiche delle specie e garantire il loro successo a lungo termine.

Infine, le attività di coinvolgimento delle comunità locali e la sensibilizzazione pubblica giocano un ruolo cruciale nel garantire il sostegno e la partecipazione delle persone alla conservazione in situ, promuovendo una maggiore consapevolezza e un senso di responsabilità verso la protezione della natura.

2. Metodi di Preservazione delle Popolazioni Naturali

La conservazione delle popolazioni naturali richiede l'implementazione di una serie di metodi e strategie mirate per proteggere e preservare le specie minacciate nei loro habitat nativi.

Uno dei principali metodi di preservazione delle popolazioni naturali è la gestione attiva degli habitat. Questo comprende la valutazione e la gestione delle minacce ambientali che possono influenzare negativamente la salute degli ecosistemi, come la deforestazione, l'urbanizzazione, l'inquinamento e il cambiamento climatico. Attraverso la conservazione e il ripristino degli habitat naturali, è possibile garantire la sopravvivenza delle specie minacciate offrendo loro un ambiente adatto per prosperare.

Un'altra strategia importante è la gestione delle specie invasive, che possono rappresentare una minaccia significativa per le popolazioni native. Questo può comportare il controllo e l'eradicazione delle specie invasive per proteggere gli habitat e prevenire la competizione e la predazione che potrebbero danneggiare le popolazioni locali.

Inoltre, la protezione legale degli habitat critici e delle aree di conservazione è essenziale per garantire la sopravvivenza delle specie minacciate. Questo può includere la designazione di aree protette, la creazione di parchi nazionali e riserve naturali, nonché l'attuazione di leggi e regolamenti che vietano o regolano determinate attività umane nelle aree sensibili.

Un altro metodo di preservazione delle popolazioni naturali è la riproduzione in cattività e il reintroduzione in natura delle specie minacciate. Questo approccio può essere utilizzato quando le popolazioni naturali sono estremamente ridotte o a rischio di estinzione, consentendo loro di riguadagnare una presenza significativa nei loro habitat storici.

Infine, l'educazione e la sensibilizzazione del pubblico svolgono un ruolo fondamentale nel coinvolgere le persone nella conservazione delle popolazioni naturali. Attraverso programmi educativi, eventi pubblici e campagne di sensibilizzazione, è possibile promuovere la comprensione e l'importanza della conservazione della natura e incoraggiare azioni positive per proteggere le specie minacciate.

3. Gestione delle Risorse Genetiche delle Specie Minacciate

La gestione delle risorse genetiche delle specie minacciate è fondamentale per garantire la diversità genetica e la resilienza delle popolazioni a lungo termine. Questo processo coinvolge una serie di attività mirate volte a preservare e utilizzare in modo sostenibile il patrimonio genetico delle specie a rischio.

Uno degli aspetti chiave della gestione delle risorse genetiche è la raccolta e la conservazione dei semi e dei campioni di tessuti vegetali delle specie minacciate. Questo può avvenire attraverso la creazione di banche del germoplasma, dove i campioni vengono conservati a basse temperature per preservare la loro vitalità e integrità genetica nel tempo. Questi campioni possono essere utilizzati per condurre ricerche genetiche, programmi di riproduzione in cattività e progetti di reintroduzione in natura.

Inoltre, è importante promuovere la diversità genetica attraverso la conservazione in situ e la gestione degli habitat naturali delle specie minacciate. Proteggere gli habitat vitali e mantenere le popolazioni naturali in condizioni ottimali aiuta a garantire che il pool genetico rimanga robusto e variegato, riducendo il rischio di consanguineità e perdita di diversità genetica.

Un'altra strategia consiste nel facilitare lo scambio di materiale genetico tra istituti di conservazione, istituti di ricerca e altri attori coinvolti nella conservazione delle specie minacciate. Questo può avvenire attraverso la collaborazione internazionale e la creazione di reti di conservazione che consentono il trasferimento sicuro e legale di semi, piantine e campioni di tessuti vegetali tra le istituzioni.

Inoltre, la ricerca genetica e la tecnologia molecolare possono svolgere un ruolo fondamentale nella gestione delle risorse genetiche delle specie minacciate. Attraverso l'analisi del DNA e altre tecniche genetiche avanzate, è possibile valutare la diversità genetica all'interno delle popolazioni, identificare linee di sangue uniche e sviluppare strategie di conservazione mirate per preservare la variabilità genetica delle specie a rischio.

Infine, è essenziale coinvolgere le comunità locali e le parti interessate nella gestione delle risorse genetiche delle specie minacciate. Promuovere la consapevolezza e l'importanza della conservazione genetica può aiutare a ottenere il supporto pubblico e la partecipazione attiva nelle iniziative di conservazione, contribuendo così a garantire il successo a lungo termine degli sforzi di preservazione delle specie minacciate.

4. Interventi di Ripristino degli Habitat Degradati

Gli interventi di ripristino degli habitat degradati rappresentano un'importante strategia per salvaguardare le specie minacciate e ripristinare gli ecosistemi compromessi. Questi interventi possono assumere diverse forme e coinvolgere una serie di attività mirate a ripristinare le condizioni ambientali ottimali per la sopravvivenza e la proliferazione delle specie vulnerabili.

Una delle principali tecniche di ripristino degli habitat degradati è la rimozione delle specie invasive e la ripulitura delle aree danneggiate. Le specie invasive possono competere con le specie native per risorse come acqua, luce e nutrienti, compromettendo così la loro capacità di sopravvivenza. Rimuovere le specie invasive e ripristinare la vegetazione nativa può contribuire a ripristinare la biodiversità e a migliorare le condizioni ambientali per le specie minacciate.

Inoltre, la reintroduzione delle specie native può essere un'importante strategia di ripristino degli habitat degradati. Questo può coinvolgere la coltivazione di piante native in vivai e la successiva reintroduzione in aree precedentemente degradate. È importante garantire che le piante reintrodotte siano adattate alle condizioni locali e che siano selezionate in base alla loro importanza per la conservazione delle specie minacciate.

Un altro approccio importante è la riparazione delle strutture ambientali danneggiate, come corsi d'acqua, zone umide e zone costiere. Queste strutture forniscono habitat cruciali per molte specie minacciate e il loro ripristino può migliorare la qualità complessiva dell'habitat e favorire la ripresa delle popolazioni di specie vulnerabili.

Inoltre, l'educazione ambientale e la sensibilizzazione della comunità possono svolgere un ruolo fondamentale nel ripristino degli habitat degradati. Coinvolgere le persone locali nelle attività di ripristino può promuovere la consapevolezza ambientale e incoraggiare la partecipazione attiva nella conservazione della natura.

Infine, è importante valutare costantemente l'efficacia degli interventi di ripristino degli habitat degradati e apportare eventuali modifiche o aggiustamenti in base ai risultati ottenuti. Monitorare le popolazioni di specie minacciate e valutare il successo dei progetti di ripristino può aiutare a informare le decisioni future e a migliorare le strategie di conservazione.

5. Ruolo dei Giardini Botanici nella Conservazione delle Specie Minacciate

I giardini botanici giocano un ruolo fondamentale nella conservazione delle specie minacciate, svolgendo una serie di funzioni cruciali che contribuiscono alla protezione e alla preservazione della biodiversità. Queste istituzioni sono spesso dotate di risorse e competenze specializzate che consentono loro di svolgere un ruolo attivo nella conservazione delle piante minacciate di estinzione.

In primo luogo, i giardini botanici fungono da custodi di collezioni di piante, che includono spesso esemplari di specie rare e in pericolo di estinzione. Queste collezioni, gestite con cura e competenza, forniscono un importante "arca di Noè" per le specie minacciate, offrendo un rifugio sicuro per la conservazione genetica e la propagazione delle piante vulnerabili. I giardini botanici possono anche partecipare a programmi di scambio di germoplasma con altre istituzioni simili, contribuendo così a garantire la diversità genetica delle specie minacciate.

Inoltre, i giardini botanici svolgono un ruolo significativo nella ricerca scientifica e nello sviluppo di strategie di conservazione. Attraverso studi approfonditi sulle specie minacciate, i ricercatori dei giardini botanici possono acquisire una migliore comprensione delle esigenze ecologiche, della biologia riproduttiva e dei fattori di minaccia che influenzano la sopravvivenza delle piante vulnerabili. Queste informazioni sono essenziali per sviluppare e implementare efficaci programmi di conservazione.

Inoltre, i giardini botanici svolgono un ruolo attivo nella conservazione ex situ delle specie minacciate attraverso programmi di propagazione e reintroduzione. Utilizzando tecniche avanzate di propagazione, come la micropropagazione e la conservazione dei semi, i giardini botanici possono aumentare il numero di piante minacciate e creare popolazioni di riserva che possono essere utilizzate per rafforzare le popolazioni naturali o reintrodurre le specie in habitat appropriati.

Oltre alla conservazione ex situ, i giardini botanici possono anche essere coinvolti in progetti di conservazione in situ, collaborando con partner locali e nazionali per proteggere e ripristinare gli habitat naturali delle specie minacciate. Questo può includere la gestione di aree protette, la promozione della consapevolezza ambientale e la partecipazione alla pianificazione del territorio per garantire la conservazione a lungo termine degli habitat critici per la biodiversità.

Infine, i giardini botanici svolgono un ruolo educativo essenziale nella sensibilizzazione del pubblico alla conservazione delle piante minacciate. Attraverso mostre, programmi educativi e visite guidate, questi istituti possono informare il pubblico sui problemi legati alla perdita di biodiversità e incoraggiare azioni concrete per proteggere e preservare le specie vulnerabili.

In conclusione, i giardini botanici rappresentano un prezioso alleato nella lotta per la conservazione delle specie minacciate, offrendo un ambiente dedicato alla ricerca, alla conservazione e all'educazione che contribuisce alla protezione della biodiversità vegetale a livello globale.

Vuoi un nostro libro a soli 0,99€? Ecco come fare!

Ciao!
Se ti è piaciuto questo libro, puoi ricevere il prossimo titolo **a soli 0,99€**, scegliendo tra:

📖 eBook
🖨 PDF di un libro cartaceo

Segui questi semplici passaggi:

📍 **1.** Condividi la tua esperienza sul sito dove hai effettuato l'acquisto.

📍 **2.** Invia uno screenshot **del tuo feedback** dove si legge anche la dicitura "Acquisto verificato" a:
info.testicreativi@gmail.com

📍 **3.** Riceverai un codice sconto personale da utilizzare sul nostro store online, valido per ottenere il prossimo libro **a soli 0,99€**.

📚 La tua opinione conta davvero: ogni recensione ci aiuta a crescere e permette a nuovi lettori di scoprire i nostri libri.

Grazie di cuore per il tuo tempo e buona lettura!

www.ingramcontent.com/pod-product-compliance
Lightning Source LLC
Chambersburg PA
CBHW072143290526
45794CB00004B/1401